电子防御经典战例

伍晓华　宋　伟　编著

国防工业出版社
·北京·

内 容 简 介

本书主要针对电子防御"三反一抗"的主体内容和范畴，梳理出战争舞台中特色鲜明、史料丰富、启发度高、趣味性强的4个电子防御典型战例，按照反电子侦察、反电子干扰、反目标隐身和抗反辐射摧毁的方向分别加以描述和呈现，主要包括萨姆-2地空导弹系统的反电子侦察和反电子干扰、科索沃战争中击落F-117A隐身飞机、越战中的反辐射对抗等战例。时间跨度大约从20世纪50年代到20世纪末，涵盖了古巴导弹危机、越南战争和科索沃战争。

全书内容取材丰富，图文并茂，内容详实，趣味性强，可作为军事爱好者的科普读物、高等院校相关专业战例实践教学的基本教材，也可供从事信息对抗领域研究的工程技术人员、指挥人员和科研人员参考。

图书在版编目(CIP)数据

电子防御经典战例/伍晓华，宋伟编著．—北京：
国防工业出版社，2022.2
ISBN 978-7-118-12493-4

Ⅰ．①电… Ⅱ．①伍… ②宋… Ⅲ．①电子防御—战例 Ⅳ．①E813

中国版本图书馆 CIP 数据核字(2022)第 033239 号

※

国防工业出版社出版发行
（北京市海淀区紫竹院南路23号　邮政编码100048）
北京虎彩文化传播有限公司印刷
新华书店经销

*

开本 710×1000　1/16　印张 13½　字数 300 千字
2022 年 2 月第 1 版第 1 次印刷　印数 1—1000 册　定价 42.00 元

（本书如有印装错误，我社负责调换）

国防书店：(010)88540777　　书店传真：(010)88540776
发行业务：(010)88540717　　发行传真：(010)88540762

前　言

电子防御是电子对抗的重要组成部分，伴随着电子进攻的出现而诞生。早在第一次世界大战时期，为应对敌方的无线电通信测向侦察，多国军队舰艇广泛采取无线电静默的措施加以规避。第二次世界大战中，初登战争舞台的雷达未雨绸缪地考虑到了反干扰问题——早在1938年，英国"本土链"雷达在经过干扰试验后加装了不同的反干扰系统，能在20~52兆赫频段内发射和接收4种不同的频率，从而可选择受干扰影响最小的频率进行工作，还可以调整脉冲重复频率和接收机带宽。

第二次世界大战后，随着电子战的快速发展及在世界军事舞台的广泛运用，作为"电磁之盾"的电子防御地位愈发重要，开始在电磁战场发挥其关键性作用。大量、长期的战争实践，也为电子防御在电磁对抗领域留下了诸多精彩纷呈、影响深远的战例。研究这些战例，对感受电子防御的直观效果、把握电子防御特点、理解电子防御斗争规律、增强电子防御意识、提升电子防御能力水平具有重要意义。

本书在电子防御的主要领域"三反一抗"——反电子侦察、反电子干扰、反目标隐身和抗反辐射摧毁中各选取一个特色鲜明、对抗激烈、史料丰富、启发度高、趣味性强、特点突出、规律明显的战例加以描述和呈现。时间跨度大约从20世纪50年代到20世纪末，涵盖了古巴导弹危机、越南战争和科索沃战争。全书图文并茂，内容详实，对读者认识和理解电子防御具有较好的参考价值。

由于电子战领域本身保密性强，相关资料来源受限，且不少现有资料中的数据、记载相互矛盾，不一致之处较多，作者虽然花费大量精力进行收集整理、辨析比对、去伪存真，但制约因素太多，加之作者水平有限，因此，书中谬误和不严谨之处必定不少，在此谨表歉意。同时望读者在阅读中给予批评指正，帮助我们不断完善修订。

本书在编写过程中参考了诸多国内外本领域知名学者专家的著作和科研成果，在此表示诚挚的谢意。

作　者
2021年10月

目　　录

第一章　反电子侦察——萨姆-2 导弹系统的反电子侦察 …………… 1

　第一节　威胁乍现时期的电子侦察与反电子侦察………………………… 1
　　　一、红场阅兵首现………………………………………………………… 1
　　　二、击落首架 U-2 ………………………………………………………… 2
　　　三、初期的电子侦察与反侦察…………………………………………… 3
　第二节　古巴导弹危机中的电子侦察告警萌芽…………………………… 7
　　　一、雷达告警接收机……………………………………………………… 7
　　　二、"冤死"的 U-2 ……………………………………………………… 9
　　　三、后续电子侦察情报工作……………………………………………… 10
　第三节　越南战争中的电子侦察与反电子侦察…………………………… 15
　　　一、未雨绸缪的电子告警………………………………………………… 15
　　　二、电子侦察找寻萨姆-2 ……………………………………………… 18
　　　三、"野鼬鼠"之眼 ……………………………………………………… 24
　　　四、电子侦察手段的发展………………………………………………… 28
　　　五、北越的反电子侦察…………………………………………………… 32

　附录 1　萨姆-2 导弹系统简介 ……………………………………………… 35
　　　一、系统组成……………………………………………………………… 35
　　　二、萨姆-2 导弹火力单元的典型交战方式 …………………………… 37
　　　三、萨姆-2（萨姆-2B）导弹系统的技术参数 ………………………… 39
　　　四、萨姆-2 的型号发展 ………………………………………………… 41

第二章　反电子干扰——萨姆-2 导弹系统的反电子干扰 …………… 43

　第一节　初期阶段干扰与反干扰的斗争…………………………………… 43
　　　一、前期干扰手段的探索………………………………………………… 43
　　　二、萨姆-2 反干扰技术的发展 ………………………………………… 47
　第二节　古巴导弹危机中的干扰尝试……………………………………… 49

一、未能实战的ALT-6B ……………………………………………… 49
　　　二、新频段干扰机 …………………………………………………… 49
　第三节　越南战场上干扰与反干扰的激烈对抗 …………………………… 50
　　　一、"滚雷"行动中的干扰与反干扰 ……………………………… 50
　　　二、停火期间的干扰与反干扰 ……………………………………… 73
　　　三、"后卫"作战中的干扰与反干扰 ……………………………… 83
　附录2　边扫描边跟踪雷达工作原理及干扰方法 ………………………… 104
　　　一、工作原理 ………………………………………………………… 104
　　　二、干扰方法 ………………………………………………………… 105

第三章　反目标隐身——科索沃战争中击落F-117A战机 ……… 109

　第一节　背景介绍 …………………………………………………………… 109
　第二节　F-117A被击落的过程 …………………………………………… 110
　　　一、南联盟的防空力量 ……………………………………………… 110
　　　二、北约的进攻 ……………………………………………………… 113
　　　三、南联盟军队的对策 ……………………………………………… 117
　　　四、击落"夜鹰"那一晚——南联盟军队的回忆 ……………… 126
　　　五、逃生——美军飞行员的回忆 ………………………………… 130
　第三节　各方对F-117A被击落原因的分析 ……………………………… 132
　　　一、美国国防部对F-117A被击落原因的分析 ………………… 133
　　　二、南联盟指挥官的述说 ………………………………………… 136
　附录3　F-117A隐身战斗机简介 ………………………………………… 138
　　　一、F-117A发展历程 ……………………………………………… 138
　　　二、F-117A战技术性能和主要特点 …………………………… 140
　　　三、F-117A隐身措施 ……………………………………………… 141
　附录4　萨姆-3导弹系统简介 …………………………………………… 145
　　　一、基本性能 ………………………………………………………… 146
　　　二、系统组成 ………………………………………………………… 147
　　　三、部署及战斗使用 ………………………………………………… 152

第四章　抗反辐射摧毁——越战中的反辐射对抗 ………………… 155

　第一节　对抗的手段 ………………………………………………………… 155
　　　一、反辐射导弹的起源 ……………………………………………… 155

二、反辐射导弹的基本原理 …………………………………………… 159
　　三、反辐射导弹的一般使用过程 ……………………………………… 161
　　四、反辐射导弹的攻击模式 …………………………………………… 163
　第二节　对抗的目标 ………………………………………………………… 163
　　一、高炮及其运用 ……………………………………………………… 163
　　二、萨姆-2导弹及其运用 ……………………………………………… 167
　第三节　对抗的过程 ………………………………………………………… 167
　　一、高炮炮瞄雷达的对抗 ……………………………………………… 167
　　二、"扇歌"导弹制导雷达的对抗 ……………………………………… 177
　　三、反辐射导弹的反对抗措施 ………………………………………… 192
　附录5　越战中反辐射对抗的相关资料 ………………………………… 196
　　一、越战中美军两种反辐射导弹介绍 ………………………………… 196
　　二、越战中越方受反辐射攻击威胁雷达性能及相关资料 …………… 200
　　三、美军F-105飞行员在北越实施反辐射作战回忆录(部分) ……… 202
　　四、美国空军对越战部分阶段"百舌鸟"反辐射作战的总结 ………… 205

参考文献 ……………………………………………………………………… 207

第一章 反电子侦察
——萨姆-2导弹系统的反电子侦察

第一节 威胁乍现时期的电子侦察与反电子侦察

一、红场阅兵首现

1957年11月,苏联在红场阅兵中首次展示出一种新型两级地对空导弹①,如图1-1所示。苏联将该导弹命名为C-75,西方则称它为萨姆-2。

图1-1 苏联阅兵式上首次出现的萨姆-2导弹

新武器威胁出现后,西方国家情报机构立即开展工作,很快通过照相侦察、电子侦察和其他一些情报途径,迅速地绘制出该系统的基本构成。

每个萨姆-2导弹系统包括6座导弹发射架、1部P-12"匙架"A波段目标指示雷达、1部PRV-10测高雷达(图1-2)和1部E波段"扇歌"火控雷达。"扇歌"雷达与萨姆-1导弹系统的"约-约"雷达类似,是一种边扫描边跟踪体制雷达,如图1-3所示,而"导线"导弹连同助推器约长35英尺(1英尺=

---

① 实际装备部队时间为1956年。

0.3048 米），是 1 种指令制导导弹。

图 1-2　萨姆-2 配属的 P-12"匙架"雷达（左）和 PRV-10 测高雷达（右）

图 1-3　萨姆-2 的"扇歌"制导雷达（左）和"导线"导弹及其发射架（右）

按照苏军条令规定，标准情况下，6 具发射架对外成六角形阵地，彼此以道路连接；"扇歌"雷达指挥车、配电车和 3 个掩蔽指挥所部署在阵地中央，负责指挥各个发射架依次发射。为做到先敌发现，P-12 目标指示雷达和 PRV-10 测高雷达一起工作，通过有线线路为"扇歌"雷达提供目标方位、速度和高度信息。最初部署的萨姆-2 阵地用砖石构筑，道路系统以"大卫王星"图形铺设（即六芒形或梅花形）。

二、击落首架 U-2

在同一时期，为搜集苏联电子情报及其他信息，美国利用 U-2 对苏联实施频繁的越界侦察，携带电子侦察设备的 U-2 带回了苏联境内雷达部署等大量电子情报信息。由于 U-2 飞行高度太高，苏联一度毫无办法，其防空部队的唯一反应是除奉命跟踪入侵飞机的老式雷达外，其余雷达全部关机。在萨姆-2 出现并广泛部署后，情况发生了变化。

1960 年 5 月 1 日，鲍尔斯驾驶 U-2 飞机从巴基斯坦白沙瓦起飞执行飞越苏联的侦察任务,任务是呈"Z"字形穿越阿富汗,飞越靠近斯维尔德洛夫斯克和普列谢茨克的重要洲际弹道导弹试验场,经过基洛夫市、阿尔汉格尔和摩尔曼斯克海军基地,穿过芬兰和瑞典到达挪威的博德,如图1-4所示。

图1-4 鲍尔斯的任务航线(左)及其所驾驶的U-2(右)

大约飞行了一半航程,向斯维尔德洛夫斯克接近时,U-2飞机被苏联萨姆-2导弹摧毁,鲍尔斯跳伞后被抓获(图1-5)。

图1-5 击落鲍尔斯U-2的萨姆-2发射架(左)及U-2的残骸(右)

苏联调查人员在U-2残骸中找到了几卷磁带,经检查发现"磁带记录的是苏联防空部队地面雷达发射的信号",这其中就包括萨姆-2导弹的"扇歌"雷达。

三、初期的电子侦察与反侦察

从萨姆-2出现,到在苏联上空执行任务的U-2被击落,凸显了以萨姆-2为代表的苏制地空导弹威胁已成为现实。美国多个部门和机构立刻展开了对抗萨姆-2的电磁手段研究,但这需要有更多关于萨姆-2"扇歌"雷达的电子情报支持。

(一)航空侦察

早在发现萨姆-2之初,美国中央情报局就开始研制能够截获"扇歌"雷达

3

信号的接收机,最初是一种宽频带自动晶体管视频接收机,频率覆盖范围为2000~4000兆赫,只需使用1个通/断开关进行操作。研制人员设计了巧妙的天线干涉仪系统,使用2个固定单元和1个旋转单元,在每个翼尖内装进两组天线,即可提供简单有效的测向手段。为记录雷达信号,在接收机机箱内装入1台三通道记录仪,其磁带可使用9小时①。左侧天线接收的信号记录在第一磁道,定时脉冲记录在第二磁道,右侧天线收到的信号记录在第三磁道。这种接收机与记录仪的组合系统能装进1个大小为1英尺^{3}的箱子内,其全重仅30磅(1磅=0.4536千克)。到20世纪50年代末,该设备进行了改进,改进后的接收机频率覆盖范围为1000~14000兆赫,后扩展到50~14000兆赫;体积进一步减小,接收机与天线可以装入钱包或上衣口袋内,并开始装备在各类侦察机上②。另外一种侦察装备被称为"Ⅳ型系统",频谱覆盖范围为150~40000兆赫,采用多部接收机,重570磅,放置在航空照相机的位置。

除了中央情报局,美国海军、空军的电子侦察飞机,如RB-47H、RB-66B等也抓住一切机会不断对萨姆-2导弹系统的各型雷达实施电子侦察。有时,这些电子侦察行动经过了精心设计并得到其他空中力量的配合。

如RB-66就经常在北约其他型号战机的协同下对苏军包括萨姆-2在内的防空系统进行电子侦察。1959年12月22日,美国空军第10战术侦察联队第42战术侦察中队就执行了1次这样的行动,以侦察苏军部署在联邦德国泽布斯特和梅泽堡附近的新型雷达。侦察目的有3个:获取苏联新型雷达参数、确认二者是否可以协同工作、获取防空系统反应速度。第42中队在这次任务中获得了来自第86联队F-102的帮助——F-102开加力以超音速侵入联邦德国领空,诱骗苏军雷达开机,RB-66的电子战军官随即可顺利截获苏军雷达信号——RB-66被禁止进入对方领空,否则很难逃脱苏军战斗机的追杀。在1958~1962年任美驻欧空军第10战术侦察联队第19战术侦察中队指挥官的帕特里奇指出:"RB-66在执行电子侦察任务时,处于地面塔台的全程控制下。我们会向苏联国界线以直线飞去,以造成我方即将侵入苏联领空的假象。其实,我们的导航员会在侦察机越过国境线前及时通知飞行员。另外,地面指挥中心也会及时发出警告,防止越境……。问题是,如果我们飞得不够近,苏军就会识破我们的战术。"

苏军采取了针锋相对的战术,在电子和其他领域采取了行动,甚至引发了一些冲突并造成人员伤亡。如,1960年7月1日,美国空军第55战略侦察联队的

---

① 据称,现代盒式磁带所用的牢固的薄型磁带最初就是专为U-2飞机的记录仪研制的。
② 这属于极为机密的"黑色"系统的一部分。

1架RB-47H飞机(图1-6)在巴伦支海上空执行电子侦察任务时被苏联战斗机击落;1964年3月10日,第19战术侦察中队的1架RB-66B电子侦察机在民主德国上空被战斗机击落,等等。

图1-6　RB-47H电子侦察机

(二) 地面侦察

在这一时期,美国分布在世界各地的地面电子情报站也在继续搜集包括萨姆-2"扇歌"制导雷达在内的苏联雷达的情报。尤其是位于德国的地面站(图1-7),陆续截获了20世纪50年代后期部署在该地区附近的苏联新型防空雷达信号,如PRV-10"硬饼"测高雷达、萨姆-2导弹系统的P-12"匙架"目标指导雷达和"扇歌"制导雷达等信号。

图1-7　美国设在德国的地面电子侦察站

美军还利用苏军进行军事演习和训练的一切机会实施电子侦察,如1959年秋和1960年,美国陆军保密局第507大队在靠近东部地区边界的高地上部署了一些监视组,观察苏军在莱茨林格·希思训练场每年一度的军事演习,其中萨姆-2导弹系统的信号也是电子侦察的重点。

在这一时期,苏联除了针锋相对地驱逐、对抗西方军队的电子侦察飞机外,采取最多的反电子侦察措施就是控制萨姆-2"扇歌"雷达的电磁辐射,并尽可能将萨姆-2的部署地点和训练演习场地放在处于边境线外的地面、空中和海上电子侦察装备难以覆盖的纵深地域,这让美国的电子侦察面临极大的困难。

(三)航天侦察

鲍尔斯的U-2飞机被击落以后,艾森豪威尔总统下令不再使用这种飞机飞越苏联。但替代手段很快出现,1960年6月22日,第一颗美国电子情报侦察卫星"告密者"(Tattletale)(图1-8)从卡纳维拉尔角升空。

图1-8 "告密者"是世界上第一颗电子侦察卫星

"告密者"电子情报卫星装有结构简单的能覆盖D、E波段的宽带转发器,卫星上的宽带晶体视频接收机能够检测1550~3900兆赫频段的信号,在这个频段内的主要目标包括P-12目标指示雷达和作为萨姆-1导弹系统一部分的"量规"目标指示雷达等,接收机可获得该频段内每部雷达的扫描样式和扫描速率,转发器可将截获的雷达信号马上用不同的频率重新发射出去,由美国设在世界各地的被称为"小屋"的地面站接收。

"告密者"卫星的轨道高度为800千米,轨道倾角70°,可以侦察6650千米^{2}范围的雷达信号,能轻易获取飞机飞行无法观察到的苏联防空雷达信息。"告密者"电子侦察卫星也承担起了对萨姆-2导弹系统雷达的侦察任务,尤其是在侦察部署于苏联内陆纵深地区的目标时具备更大的优势。"告密者"卫星可以安全地飞越苏联纵深,不必顾忌苏联的防空导弹。1960年7月5日,"告密者"首次成功地向地面发回情报数据。在3个月的电子情报信息收集工作中,"告密者"共收集22种数据,平均每40分钟飞临苏联、中国及盟友国家一次,如

图1-9所示。后来,有更多的电子侦察卫星发射升空,侦察包括萨姆-2"扇歌"雷达在内的部署于纵深地域的电子目标信号。

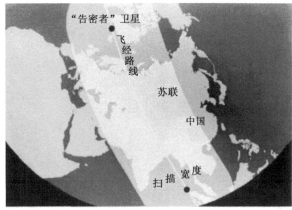

图1-9 "告密者"卫星及其侦察轨迹

第二节 古巴导弹危机中的电子侦察告警萌芽

1962年,由于美苏"导弹差距"持续拉大,苏联在"导弹竞赛"中处于劣势地位。为尽快弥补差距,赫鲁晓夫决定冒险把中程核导弹部署到古巴,这样一来就可以直接威胁美国本土。

行动很快被美国察觉。1962年8月,1架侦察古巴的U-2飞机发现已有2个萨姆-2阵地(图1-10)完工,而另外6个正在修建中;同时,活动于加勒比海的美军电子侦察船也捕捉到萨姆-2雷达开机测试的信号。美国中央情报局局长由此推断:苏联一定在古巴部署了某种重要战略武器——很可能是弹道导弹,而新出现的萨姆-2就是为之提供保护的。

在这种情况下,美国加大了对古巴的照相侦察力度,美国空军第55战略侦察联队和海军第VQ-2中队的电子侦察飞机也开始实施电子侦察。1962年10月14日,U-2在古巴西部圣克里斯托瓦尔附近发现1个中程弹道导弹发射阵地。3天后,又拍摄到在大萨瓜、雷梅迪奥斯和瓜那哈伊等地区正在建造的其他发射阵地。

一、雷达告警接收机

在获知苏联在古巴部署中程弹道导弹后,为获取更精确的细节,美国急需这

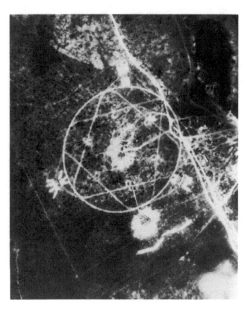

图 1-10 U-2 拍摄的在建萨姆-2 导弹阵地

些导弹阵地的低空近距照片①。而驻扎在基韦斯特基地的 VFP-62 中队 RF-8A "十字军战士"侦察机可以进行低空高速照相侦察。10 月 23 日,代号"蓝月亮"的侦察行动正式展开,VFP-62 中队每天两次派出多个 RF-8A 双机编队,对古巴境内的可疑目标进行高速低空侦察,如图 1-11 所示。为躲避敌方雷达追踪,RF-8A 起初以 100 米左右的高度进入古巴领空,但因过于接近盐分含量高的海水影响到相机的拍摄质量,后来改为跃升至 300 米高度以 880 千米时速飞越目标上空拍照,再下降到 60 米高度迅速脱离。

由于侦察时要飞越古巴萨姆-2 导弹阵地,面临很大威胁,而当时 RF-8A 并未装备雷达告警接收机,无从发现可能到来的危险。为弥补这一缺陷,美国海军想到利用先前中央情报局委托研制的微型手持雷达信号接收机,来截获"扇歌"导弹制导雷达的信号。这种雷达信号接收机的大小与微型盒式录音机相仿,使用干电池。使用者通过助听器可以清晰地听到雷达扫描信号。系统有一副 6 英寸(1 英寸=2.54 厘米)宽的对数周期天线,安装在既平又薄的复合绝缘材料上,可以接收相关频段的信号。这种雷达信号接收机及其天线很小,完全可以装进 1 个大钱包或上衣口袋内。

因时间紧迫,难以对 RF-8A 进行改装,技术人员只得因陋就简,用 1 个餐巾

---

① 当时高空照相的分辨率有限。

图 1-11　RF-8A 在古巴实施超低空侦察

作衬层的狗项圈把雷达信号接收机固定在飞行员腿上,接收机传输的音频信号由用胶带固定的导线传送到飞行员头盔的耳机;接收天线则用更多的胶带固定在飞机挡风玻璃的拐角。

这种措施很快发挥作用,任务中当 RF-8A 飞行员听到清晰的告警信号后,便立即飞离先前的航线进行规避——这使得 RF-8A 成为最早装备雷达告警接收机的战术飞机①。

二、"冤死"的 U-2

在苏联核导弹进入古巴后,美国做出强烈反应,在古巴周围建立海上封锁,同时发出核战争威胁。这种情况下,为避免核战爆发,双方都采取克制态度,一些苏联货船调转船头返回出发港,形势很快开始缓和,但在此时却发生了 U-2 被击落的事件。

1962 年 10 月 27 日,美军少校鲁道夫·安德森驾驶 U-2F 高空侦察机从佛罗里达州空军基地起飞,潜入古巴进行侦察。飞机一进入古巴领空,部署在古巴的苏联防空雷达就开始密切跟踪,苏联雷达操作员和各级指挥员在雷达屏幕前注视着这架 U-2,所经之处的防空导弹阵地都处于高度戒备状态,准备随时击落这架飞机。

为了配合 U-2 侦察机行动,美军出动了其他舰机在古巴近海活动,包括空

---

① 在之前诸如 B-52 轰炸机等大型飞机上安装过 APS-54 雷达告警接收机。

军1架RB-47电子侦察机和海军"牛津"号电子侦察船(图1-12),时刻监视着苏联防空部队的异动。当他们侦察到萨姆-2阵地"扇歌"雷达开始辐射后,立即通过各种途径层层上报至华盛顿,却唯独没有通知U-2飞机飞行员。

图1-12 "牛津"号电子侦察船

驻扎于古巴东方省巴内斯镇附近的苏军第11防空师第507防空团下属第一防空营,在U-2侦察机完成侦察任务,转向西北飞越关塔那摩上空开始返航时,收到击落命令并向目标连续发射3枚萨姆-2导弹,全部命中目标。U-2坠毁在贝塔基斯小镇附近,没有得到预警信息毫无防备的飞行员丧生,如图1-13所示。

图1-13 在古巴危机中被击落的安德森少校(左)和U-2残骸(右)

三、后续电子侦察情报工作

(一)"联合努力"情报计划

U-2飞机在古巴的损失导致了一项特别有意义的电子情报计划,即"联合努力"行动。如同应对装有近炸引信的炮弹一样,对付萨姆-2"导线"导弹的有效手段之一是通过干扰提前引爆其无线电近炸引信(图1-14),使其战斗部在远离目标的地方爆炸。然而,在制造这种干扰机之前,首先必须查明导弹引信系统的工作频率和信号特点。这决不是一件容易的事情——截获导弹近炸引信的信号比截获高炮炮弹的信号更困难,因为导弹近炸引信的信号只在导弹前方一个很小的锥形范围内辐射,截获这种信号唯一可靠的方法是接收机在导弹战斗部爆炸时应处在它的杀伤范围内。

图1-14　位于萨姆-2导弹头部的无线电近炸引信条状天线

于是美国空军改装了1架基于"火蜂"靶机发展而来的147型"萤火虫"无人机来承担这一任务。该无人机除有必要的无线电接收和转发设备外,还携有1部行波管雷达回波增强器。"萤火虫"无人机从地面发射斜轨上发射,如图1-15所示,在无线电控制下飞往古巴萨姆-2阵地上空。回波增强器使无人机看上去像一个有价值的目标,诱使导弹阵地发射导弹。当导弹接近靶机时,无人机接收设备将截收导弹引信信号并将其转发给该地区内的美国船只或飞机。"萤火虫"转发信号的突然消失(因为导弹战斗部将其炸成碎片)将证实这种信号的确来自导弹引信系统。

但是,在这种靶机投入作战前,古巴导弹危机就已结束了。然而,有关"导线"导弹引信系统的资料仍是高优先级的情报要求,因此将其"冻结"起来,等待机会使用①。

---

① 大约在3年后,美军在越南使用该型号无人机获取了"导线"导弹的近炸引信信号。

图 1-15　从导轨上发射的"萤火虫"无人机

（二）无线寻的装置

在古巴导弹危机中美国海军提出了一个新的需求：如果派飞机摧毁萨姆-2导弹阵地，需要 1 种能够侦测"扇歌"雷达的寻的装置，以安装在飞机上引导攻击机群飞行。西屋公司、梅尔帕公司和美国无线电公司为 A-4"天鹰"攻击机制造了几个寻的器样品，其中梅尔帕公司的 APR-23 寻的器在试验中获胜。但此时，古巴导弹危机已经结束，美国海军停止了对这一设想的推进。但从历史上来看，这一计划极具意义，它为攻击机寻找和攻击敌防空导弹提供了一个实用寻的系统①。美国空军也有类似的想法，在前期研究成果的基础上，美国空军于 1964年"金火"演习中试验了 QRC-203-3 发射机定位系统。

（三）"功率及方向图测量系统"计划

美国海军为干扰"扇歌"雷达研制的 ALQ-49 和 ALQ-51 等转发式欺骗系统，对电子情报支援提出了新要求。欺骗式干扰与压制式噪声干扰存在很大不同，一般在实施噪声干扰时，通过监听雷达信号，掌握其工作频率、脉冲重复频率、扫描方式、配置位置及大致用途这些信息就足够了。但如果要利用诸如 ALQ-49 和 ALQ-51 等转发式欺骗系统实施有效的干扰，就需要更为详尽的雷达信息。比如，若要求转发式干扰机能使"扇歌"雷达波束偏离飞机，就必须知道它应偏离多远才有效，从而使弹头在足够远的地方爆炸避免飞机受弹头碎片

---

① 20 世纪 60 年代后期，这一设想得到进一步发展并由美国空军和海军的"铁腕"部队用于战斗之中。

损伤。为了回答这一问题,需要知道"扇歌"雷达在方位角和俯仰角两个扫描扇区的确切范围,另外,还必须了解扫描波束的确切宽度及雷达辐射功率。

为解决这一问题,1964年冬,在德国,美国中央情报局利用C-97飞机(图1-16)上改装的"功率及方向图测量系统",通过柏林的空中走廊来测定"扇歌"雷达方向图的关键部分。

图1-16 改装的C-97

为了能够在柏林机场顺利起降①,C-97飞机上专用接收机的天线是可以收放的,这样在地面上看起来它与普通运输机一样。C-97飞机沿着通向柏林的空中走廊来回飞行,经常飞越东德境内萨姆-2导弹阵地上空。一旦飞进这一空中走廊,操作员就展开天线,搜索信号。为不引起怀疑和纠纷,当抵达柏林时,飞机必须收回接收机天线。但当碰上恶劣天气时,天线表面会因结冰而无法收回,美方只得飞到柏林而不着陆,声称出现了紧急情况,盘旋一圈后返回基地②。

苏联采取了相应的电子防御措施。虽然理论上当"扇歌"雷达对准C-97飞行方向工作时,C-97只要进行一次飞行便可收集到所需全部数据,但苏联深知电磁辐射安全的意义,及时对"扇歌"雷达采取了无线电管制。这给美国的电子侦察造成了困难,为了积累足够的数据对"扇歌"雷达方向图作出准确判断,这种飞行持续了几个月,才最终绘制出"扇歌"雷达方向图的关键部分。

---

① 根据一项四国协定,苏联空中交通管制人员常驻柏林的盟国机场,以监督飞机活动情况。
② 这显然没能骗过苏联人,在一次连续4天美方宣称飞机出现故障不能降落后,苏联的空中交通管制人员问他们的美国同行,"你们的间谍飞机出了什么问题?你们已经连续4天没有在滕珀尔霍夫降落。"

(四)"守护神"计划

虽然通过"功率及方向图测量系统",美国掌握了"扇歌"雷达的有效辐射功率和空间覆盖范围,但还未查清其接收机的灵敏度及操作人员的专业水平,难以判断该雷达探测和跟踪小型目标的能力,而这对于当年发展的具备一定隐身能力的 A-12"牛车"(SR-71 的前身,单座机)而言至关重要。但获得"扇歌"雷达的这些参数是个难题,要让它在需要的时间进行发射是非常困难的。为此,美国中央情报局在古巴近海精心策划了一次"守护神"计划。原本"守护神"计划的目标是发现和测定苏联在全球范围内的舰船、潜艇雷达和地面雷达。古巴导弹危机后大量部署于古巴的萨姆-2 导弹系统为"守护神"探测"扇歌"雷达提供了绝好的机会。

"守护神"计划包括 3 个行动小分队:中央情报局小分队装备制造虚假飞机回波信号的设备、国家安全局小分队装备特殊通信信号设备和破译设备、空军小分队为行动提供支援。计划设计通过电子方式产生一个精确校准的虚假目标,并把目标发送到苏联雷达上。苏联雷达操作员会在雷达屏幕上发现一个巨大的光点,进而引发跟踪。虚拟飞机的航程和速度完全仿真,并能沿任何航线、一定速度和高度飞行。沿着"飞狼"①航线进行的小规模监视和破译行动可以提供所需的信息。美监视人员实时复原出苏联雷达跟踪由美国人控制发射的"幽灵"信号所标绘的航迹图。这样,根据这些信息,监视人员便可查明苏联雷达操作员所能看到的最小雷达回波信号。

一天夜里,一艘美国驱逐舰携载实施"守护神"行动的设备——电子假目标装置——悄悄驶至古巴北部海岸,但保持在雷达视距外,而驱逐舰上的"守护神"天线刚好高于地平线,能监测到苏联雷达站的信号。然后,"守护神"开始发出"幽灵飞机"信号,并使之显示在"匙架"(P-12)目标指示雷达的屏幕上。"幽灵"信号看上去仿佛是来自基韦斯特基地的飞行物,正在高速飞向哈瓦那。目的是让"匙架"雷达跟踪"来袭"的"幽灵"飞机,期望不久"扇歌"雷达就会开机并实施导弹攻击。潜伏在靠近哈瓦那湾水域的一艘美国潜艇,按照预先约定的

---

① 20 世纪 50 年代,苏联由于偏远地区尚未广泛建立陆上通信网,很多警戒雷达所获情报都是通过高频无线电和"莫尔斯"码向控制中心传送的。这些信息虽然都被加密,但采取措施破解这些密码并非难事。为此,50 年代后期,美国空军保密局制定了一个叫作"飞狼"的情报收集行动计划。按照这个计划,美军派遣飞机沿着精心设计的航线在苏联海岸或靠近边境的雷达站上空飞行,并确保苏联雷达能够观察到。这样,苏联雷达站必然会将这些飞机的位置、速度、航向、高度和数量报告控制中心。美军设在苏联周边国家的地面监视站趁机截获这些报告数据,再由密码专家将截获的数据与预先计划的航迹图相对照,密码便相当容易地被破解出来。由于密码被破解,苏联的新型雷达只要使用,其位置就会暴露无疑。在随后的数十年中,美军通过监视苏联雷达的情报报知通信,不仅准确地掌握了苏联雷达的探测能力,而且密切监视着苏联飞机的活动情况,充分了解了苏联空军部队的战备水平和反应速度。

时间浮出水面,施放了几个携带不同体积校准金属球的气球。根据苏联雷达发现金属球大小、数量的数据,就可以掌握苏联雷达的灵敏度和探测范围等技术情报,而被"扇歌"雷达操作员看到的最小校准金属球即是其所观察到的最小目标的雷达截面积。

行动取得了成功,古巴战斗机接到命令后,紧急起飞并直接飞往潜艇施放气球的海域。几架古巴战机发现了这架"幽灵飞机",1架飞机立即实施跟踪,这位古巴飞行员向地面报告,他已"看见"入侵飞机,并准备将它击落。美方人员操作"幽灵飞机"让它永远恰好处于古巴战机的射程之外。为了将战斗机从潜艇所在处引开,实施"守护神"行动的人员操纵"幽灵飞机"高速飞离,尔后关闭转发器,同时潜艇紧急下潜。匆忙赶来的古巴飞行员对该海域进行了几分钟的搜索,没有发现任何目标,然后就返回了基地。行动获得的信息证明,"扇歌"雷达探测、跟踪小型目标能力比原先设想的要强很多,"牛车"飞机肯定会被"扇歌"雷达发现并跟踪。

第三节 越南战争中的电子侦察与反电子侦察

1964年8月5日,越南战争爆发,美军开始对北越实施空袭。1965年,苏联政府决定向北越提供早期型号的萨姆-2导弹系统。

萨姆-2在北越的部署引起了美国的高度警惕。1965年4月5日,美国海军"珊瑚海"号航空母舰(后文简称航母)上的1架RF-8拍摄的照片表明萨姆-2已经开始部署于河内东南24千米处,但还未投入使用,如图1-17所示。美军原本准备对北越导弹发射阵地实施攻击,但出于政治原因,美国总统约翰逊指示:只要导弹发射阵地不用于攻击美国飞机就不能实施摧毁。

期间,河内附近萨姆-2导弹发射阵地构筑工作持续进行,到1965年7月4日,大约有4个发射阵地已经或接近竣工,第5个发射阵地也在快速构筑之中。

一、未雨绸缪的电子告警

虽然决策层不允许在未受攻击的情况下打击北越的萨姆-2导弹阵地,但面临这个随时可能出现的威胁,美军还是未雨绸缪做了一些准备工作,其中,利用电子侦察飞机实施远距离支援告警就是常用方法。当时,越南战场的美军战术飞机还没有装备机载雷达告警接收机,无法对萨姆-2导弹实施告警,于是这个任务就落到了RB-66C、EKA-3B等电子侦察飞机上,这些飞机一般伴随攻击机群行动,但通常不进入防空火力的射程范围,在外围提供远距离支援告警。

图 1-17　美军拍摄的越南萨姆-2 导弹阵地

1965 年 7 月 23 日，美国空军 1 架 RB-66C[①] 电子情报飞机（图 1-18）侦察到在河内附近导弹发射阵地进行测试的萨姆-2"扇歌"雷达信号。第二天，萨姆-2 就在越南战场首次投入使用。美国空军一个 F-105 编队在 F-4C 战斗机的护送下执行攻击任务，1 架 RB-66C 伴随攻击编队，在目标以西一定距离作盘旋飞行，监视雷达频率以提供异常情况报警[②]。

图 1-18　RB-66C 电子情报飞机

---

① 后来被重新命名为 EB-66C。
② 此时战斗机尚不具备"扇歌"雷达告警能力，因此由 RB-66C 提供告警。

突然,RB-66C收到了"扇歌"雷达信号,并立即在无线电警戒频道上发出暗语,战斗机飞行员四处搜索却什么也没发现。5分钟后,RB-66C再次捕获到雷达信号,警报又一次响起,但厚厚的云层使F-4C无法看清下方情况,正当飞行员们认为还是虚惊一场时,1枚萨姆-2导弹穿云而出,将1架F-4C(63-7599)击落,如图1-19所示。

图1-19　F-4C被萨姆-2导弹击落

损失F-4C后,在获得有效对抗手段和方法之前,美军不得不运用现有手段,通过改变战术来应对,其中主要是利用电子侦察飞机及时告警并实施机动规避。通常由1架RB-66C或EKA-3B飞机伴随1个攻击机编队,当其他飞机实施攻击时,电子侦察机在目标附近敌防空区外9000米的高空盘旋搜索,监测北越雷达的频率,为机组人员提供威胁告警。当监视、探测到"扇歌"雷达信号就向攻击机群发出警报。攻击机飞行员根据警报在1300米到4500米高度很容易目视发现萨姆-2导弹,并采用急盘旋俯冲下降的方法来规避。

RB-66C飞机最初在1965年5月部署。机上有电子战军官4名,设有4部雷达接收机,包括1台APR-4(图1-20)和1台APR-9接收机、1台ALA-5脉冲分析仪和1台APA-74分析仪。

承担电子侦察预警任务的EKA-3B飞机(图1-21),其电子侦察设备包括ALR-29和ALR-30接收机、ALR-28测向机、ULA-2脉冲分析器,能够对萨姆-2的"扇歌"雷达实施远距离侦察告警。

图 1-20　APR-4 电子战吊舱

图 1-21　执行电子侦察任务的 EKA-3B

二、电子侦察找寻萨姆-2

（一）失败的"铁腕"

损失出现后，美军随即开始"铁腕"①行动实施报复。最初美军希望借助常规方法发现并攻击萨姆-2 导弹阵地。行动大致分为 3 种模式：

1. 谁打我就打谁的报复式还击

即重点摧毁对美国战机实施攻击的导弹阵地。第一次行动发生在 1965 年 7 月 26 日，美军出动由 54 架 F-105 组成的庞大机群，攻击击落第一架飞机的萨姆-2 导弹发射阵地及其相关设施。但行动结果伤亡惨重——北越预料到美军会来报复，于是设下圈套，当夜将萨姆-2 导弹撤出阵地并采取伪装措施，同时调进 20 个高炮和高射机枪连在附近设伏，最终击落 6 架 F-105 和 1 架 RF-101。而美军唯一的战果——严重破坏的 2 个导弹发射装置，后来被证明是引诱美国战机进入高炮射程的木制假目标。

第二次报复行动由美国海军执行，为 1965 年 8 月 11 日被击落的 1 架 A-4C

---

① 又称"铁手"，即后来的压制敌防空——SEAD。

复仇。在2天时间里,从"中途岛"号和"珊瑚海"号航母起飞的舰载机搜索了所在地区的导弹发射阵地,结果一无所获,反而又被高炮击落了5架飞机。

2. 找到谁就打谁的寻获式打击

经过前几次教训后,美国空军改变了方式,即遂行"铁腕"行动的F-105停在地面待命,一旦其他飞机确定敌导弹发射阵地位置就立即起飞发动攻击。但这种作战程序也只执行了几天——由于确定这些导弹阵地的位置十分困难,待命飞机极少起飞,即使起飞了也未能取得任何战果。如1965年8月9日,在侦察到新发现的第8号阵地后,一支攻击机编队前去实施轰炸,之后又8架F-105加入,最终发现该阵地实际上是空的,没有取得任何战果。

3. 勾出谁就打谁的诱获式攻击

连续失败后,为引出北越萨姆-2导弹行动以便确定其真实位置,美军于1965年8月21日开始实施"左勾"行动:即先从空中发射1架"火蜂"无人机,按预定程序从高空飞至部署有萨姆-2的河内地区,引诱北越地空导弹部队采取行动;同时派出3架RB-66C在导弹防区外彼此相距甚远的区域巡航,随时准备对"扇歌"雷达实施测向,尔后将方位数据中继至1架EC-121空中指挥飞机上实施交会定位,并把导弹发射阵地位置信息传送给在空中待命的F-105编队。设想很好的行动实施起来却并不顺利:美军第一次行动未能使北越导弹阵地做出反应,第二次行动中1部"扇歌"雷达虽被引诱开机并遭实时定位,但当F-105编队抵达指定位置时,却未能发现萨姆-2导弹。

随后美军改变方式,派出战斗机在萨姆-2导弹防区上空实施武装侦察巡逻,同时充当诱饵,以搜寻处于活动状态的萨姆-2。事实证明,这种"舍不得孩子套不着狼"的战术并不起效。在1965年9月16日的一次行动中,6架F-105飞往3个地区去攻击萨姆-2,但在目标区上空,F-105没有发现导弹却遭到猛烈高射炮火攻击,其中2架被击落。

由于寻找萨姆-2阵地困难,一段时期内,美军攻击北越导弹发射阵地的行动虽然付出了沉重代价,却都未能成功。正如一份呈交美参谋长联席会议的报告所指出的,美军在1965年8月12日至9月14日为遂行"铁腕"行动共出动飞机388架次,但均未取得显著战果。

(二)电子侦察解困

前期"铁腕"行动的诸多失败给美军提出了一个迫切需要解决的问题——如何能快速有效地找到真正的萨姆-2阵地。为防御打击,北越充分利用了萨姆-2系统有限的机动性。在1965年7月击落第一架飞机时,北越只有不到5个导弹阵地,但构筑发射阵地的进展很快,到年底,美军已发现了64个。据估计有10~15个发射分队在这些预备发射阵地之间无规律地来回转移,以殊死的方式玩这种"欺骗游戏"。到了1966年底,美军发现了150多个新阵地,如图1-22所示,大约有30个萨姆-2导弹系统不定期地往来于这些阵地之间,每次移动6~30英里,非常灵活地运用"炮击战法"。

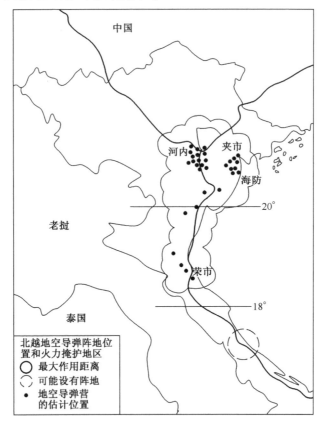

图1-22 1967年时越军的萨姆-2导弹阵地

北越萨姆-2导弹的转移通常十分隐蔽,到达新阵地后伪装严密,一般的空中侦察很难发现和判定。实战也证明通过目视等常规方式搜寻效率低下,正如格兰·夏普海军上将所指出的:"我们很快就清楚了,地空导弹阵地是经常变换位置的,我们只能在分析了可疑阵地照片之后方能对其实施突击。当然,等到照片分析完了以后,导弹阵地早已挪到别处去了。……这样,我们又得重新寻找。"而利用电子情报飞机实施远距离交会定位方式发现、指示目标并引导攻击的时效性又受到很大限制。万般无奈之下,美军不得不将目光投向了电子侦察——期望通过攻击飞机直接侦察"扇歌"雷达信号来实时标定萨姆-2导弹阵地的位置。

在初期,美国空军最主要的工作是发展"引向标"和 IR-133① 全向式雷达定位告警系统(RHAWS)实施告警和无线寻的。

1965 年春,应用技术公司根据军方要求开展对新雷达告警设备的研究。之前该公司为美国中央情报局 U-2 飞机生产的"第 12 号系统",采用最先进的小型化电子技术,在体积、重量和性能方面,比当时任何其他雷达告警接收机都要先进得多,但因未考虑军方的特定需求而无法直接在战术飞机上运用。

此时,刚到公司销售部的原美国空军电子战军官埃德·查普曼建议将雷达接收机改装为用阴极射线管显示威胁相对方位,并能够通过辐射频段进而确定威胁的仪器。具体方式是一个从中心发出的脉冲波形可以显示威胁雷达的方向,而脉冲波形的长短则显示雷达信号的强弱,并用点、虚线、实线表示雷达的波段。操作人员还可以通过侦听雷达扫描声响来帮助进行判别。根据这个想法,对"第 12 号系统"进行了重新设计,命名为"引向标"(Vector),覆盖 2~12 吉赫的 3 个频段,如图 1-23 所示。1965 年 8 月底,可显示"扇歌"雷达所在方位的"引向标"在五角大楼演示大获成功②。应用技术公司又向军方推销了 IR-133 全景扫描和自动寻的接收机。这种接收机能准确地选择和引导攻击工作在 2~4 吉赫频段的雷达,同样也得到了美国空军的认可。

虽然有前期 APR-23 系统的研究积累,但美国海军在电子寻的系统研制方面却落在了后面。1966 年,在北越萨姆-2 导弹阵地数量疯涨的同时,美国海军不得不将 1 台应急评价设备(早期告警系统)安装到了 A-4D 上。它以电池作为能源,接收天线像 1 个吸盘一样附在座舱上,挂上弹射器时天线就会像蜘蛛网一样布在周围。因其具备较高的灵敏度,如在航母甲板上测试,航母雷达将会烧穿它,因此,飞行员只能在空中测试。虽然做出大量努力,但总体而言,美国海军的电子寻的(告警接收)机不太成功。

这期间,通过接收制导雷达辐射信号,用专用战术飞机搜寻地空导弹发射阵地的想法在美军中逐渐形成。按照最初的设想,在搜寻的最后阶段,该战术飞机将为伴随的攻击机编队标出导弹发射阵地的方位。

1965 年 10 月 31 日,在进行了几次效果不佳的空袭后,美军首次成功地实施了"铁腕"行动,为电子方式找寻萨姆-2 提供了例证——美国海军 3 架 A-4E "猎人—杀手"飞机为 8 架空军"铁腕"F-105 飞机编队执行探路任务,对河内附

---

① 与"引向标"一样来源于美国中央情报局的"黑色"计划,具有比"引向标"更高的灵敏度,并可以通过分析信号源变化指出威胁性质,即导弹是否将要发射。

② 埃德·查普曼原来想把"引向标"接收机作为 B-52 的装备,以取代老旧的 APS-54,但此时越南战场发生了 F-4 被萨姆-2 击落的事件,为"引向标"更大范围的应用提供了机会。

图 1-23 "引向标"雷达告警接收机

近 2 个萨姆-2 导弹阵地实施攻击。这批 A-4E 装备了 APR-23 雷达搜寻接收机①,海军飞行员鲍尔斯中校用它来引导己方飞机攻击北越导弹阵地。设备很快侦测到 1 座阵地上的"扇歌"雷达信号,几秒钟后,鲍尔斯看见 2 枚导弹从另一个阵地上腾起,如图 1-24 所示。他让 F-105 以 600 节(1 节=1.852 千米/小时)的速度拉起俯冲,快速攻击第二个阵地,然后在 150 英尺高度用"蛇眼"高阻炸弹轰炸第一个阵地。但当鲍尔斯刚标定完北越导弹阵地,A-4E 随即因受到高炮火力攻击而坠毁。这表明虽然 APR-23 能标定"扇歌"雷达位置,但接收灵敏度和方位精确度的限制使其载机必须更接近萨姆-2 导弹阵地,被击落的概率大大增加,而新研制的"引向标"和 IR-133 似乎能够避免这些问题。

图 1-24 腾空而起的北越萨姆-2 导弹

---

① 古巴导弹危机时期开始由梅尔帕公司研制生产,能够提供简单告警及粗略方位指示。

在寻找萨姆-2导弹上,美军还创造性地利用"强盗"系统①对萨姆-2部署进行精确定位。美军发现,存在 P-12"匙架"雷达的地区一般也会部署有萨姆-2导弹。通常1部"匙架"雷达可为2~3个导弹发射营指示目标。由于"匙架"雷达频率较低,传统三角定位法难以准确测定其位置,但装备"强盗"系统的EC-121飞机,却能以北越清晰的地形为背景极为准确地定位"匙架"雷达,这也为找寻萨姆-2导弹阵地提供了另1个"指示器"。

(三)"联合努力"计划终成正果

1965年10月初,为获取关于萨姆-2导弹的无线电指令等信号参数②,源于古巴导弹危机的"联合努力"计划复活,方案是通过DC-130母机向北越萨姆-2导弹防区发射1架改装过的瑞安公司147E型"萤火虫"无人机③,如图1-25所示,引诱北越萨姆-2导弹实施攻击并在截获其信号后实施转发,而另一架在北部湾上空巡逻的RB-47H则等待接收从无人机传回的信号。

行动进行了4次,第一次北越萨姆-2导弹毫无反应;第二次和第三次都有导弹发射,无人机将"扇歌"雷达给导弹的指令信号,如俯仰角、偏航角、横滚和下行链路信号等都发送了回来,但由于设备过热,导弹近炸引信信号没能顺利传送;直到1966年2月13日第四次行动才获得全面成功,得到了长期以来苦苦寻求的近炸引信信号的辐射特征。

"联合努力"行动获得的部分信息马上就得到了应用。根据指令信号在导弹发射后4秒发出的特征④,美军研制了WR-300接收机,用以告知机组人员注意迫在眉睫的威胁。而导弹的下行链路信号系统,在两年时间后才获得相应的对抗设备。至于近炸引信信号,经研究认为时间太短难以采取措施,而且仓促引爆弹头很可能会加大而不是减小对飞机的破坏。

---

① 一种高灵敏度侦察系统,能够通过技术手段复原出被侦察雷达(仅限于使用P型显示器)的显示器屏幕图像。

② 在越南战争中,为对付越南萨姆-2导弹的"扇歌"雷达,美军高度重视电子侦察的作用。除了相对比较容易获取的雷达工作参数外,还需要知道用于导弹制导的无线电指令等信号参数。如所谓的"上行链路"信号和"下行链路"信号,另外,还有导弹雷达近炸引信信号的发射特征。但截获这些信号极为困难——所有信号的发射功率都很小,弹头的引爆信号最难接收,这些信号在导弹前方,波束很窄,在导弹抵达目标前不久才开始发射,弹头一引爆就立即中止。唯一能够截获全部所需信号的装备,就是导弹成功实施攻击时的目标飞机,即瞬间就要空中爆炸的飞机!

③ 改装包括安装能覆盖导弹制导信号、脉冲转发器和导弹近炸引信使用频带的接收机;还装有发信机,用来转发接收的任何信号。每架无人机还带有一台雷达回波增强器,使其成为有吸引力的目标。

④ 它提供了导弹已在飞行中的最确凿证据。

图 1-25　携带瑞安公司 147E 型"萤火虫"无人机的 DC-130 母机

三、"野鼬鼠"之眼

多次"铁腕"行动的惨重损失让美军意识到,执行防空压制这样特别危险的任务,必须依靠具备专门装备、受过专门训练的专门力量来实施。由此,美国空军组建了"野鼬鼠"部队,由携带特种电子侦察接收机的飞机去搜寻"扇歌"雷达,标出位置后引导常规战斗轰炸机实施攻击。

美国空军最初用"引向标"和 IR-133 接收机对 4 架 F-100F"超级佩刀"飞机进行改装。具体设计上考虑用"引向标"来探测萨姆-2 制导雷达、目标指示雷达等各种辐射源。该系统包括设置在机身上、能给出 360°方位覆盖范围的 4 个螺旋天线,装在机头内的电子设备机箱(晶体视频接收机等),1 块供系统操纵员用的目视威胁告警面板(当时美国空军将其称作"熊")和两个 7.5 厘米直径的阴极射线管显示器(一块供飞行员用,另一块供后座操作员用),以显示威胁信号的粗略方位。IR-133 接收机则通过接收安装在机身两侧和机腹的 3 个天线送来的信息,分析 E 波段信号,并指出它们是否系萨姆-2 导弹、防空或地面目标指示雷达等有关的信息。

后来,由于掌握了"联合努力"行动提供的萨姆-2 导弹指令制导信道的参数,又增加 1 部 WR-300①告警接收机来侦收制导信道信号。WR-300 晶体视

---

① 后定型为 APR-26,最终改进为 APR-37。

频接收机由装在F-100F机腹的刀形天线提供信息,监视导弹发射后制导信号的辐射情况以提供告警——如果制导信道在工作,就表明可能有一枚或多枚萨姆-2导弹已经发射,机组人员得知这一信息就会多出几秒钟的重要时间来采取对策。F-100F上安装的电子设备如图1-26所示。

图1-26　F-100F"野鼬鼠"上安装的电子设备

改装完成后的F-100F及其机组人员在埃格林基地以SADS-1"扇歌"雷达模拟器为目标,进行了300多次试验飞行,一般程序是:后座电子战军官用"引向标"接收机搜寻雷达信号,一旦发现,即调整IR-133接收机的频率开始引导①;在引导时,电子战军官不断接通和关闭位于机头两侧的2副天线的开关,通过比幅来测定萨姆-2"扇歌"雷达发射机的方向,之后引导飞行员实施攻击。通过一段时间的试验飞行,对攻击机编队的最佳规模、搜索目标的最佳高度、最佳攻击剖面图和最佳弹药负载等问题进行了研究。

1965年11月底,在确认"野鼬鼠"分队可以用于实战后,4架F-100F飞往泰国执行60天的临时任务。从11月28日开始,4架F-100F与1架RB-66C编队在北越上空萨姆-2导弹射程之外进行了8个架次的体验飞行。经过对比,F-100F观察并记录的大量北越和中国雷达信号与RB-66C侦察的数据十分吻合。

12月1日,"野鼬鼠"飞机在北越遂行首次"铁腕"行动。在攻击方式上,以

---

① IR-I33是窄频带、人工调谐的搜索引导接收机,调谐系统的精度约为20兆赫。接收机的高灵敏度可跟踪雷达的后瓣或副瓣。全景显示系统以水平时间基线显示频率,而在垂直方向升起的高度则表示雷达类型信号。

1架F-100F搭配4架F-105D,F-100F在搜索定位的同时还可利用其携带的武器攻击萨姆-2导弹阵地。2架F-100F飞机各引导1个F-105小队"悠然自得"地飞过萨姆-2导弹阵地上空,如图1-27所示,目的是引诱北越地空导弹开火。每架F-100F都携载2枚2.75英寸非制导火箭,F-105D则配有各种武器。然而,这次飞行没能引起萨姆-2导弹的任何反应,随后几周的飞行也是如此。在12月19日的行动中,虽然F-100F收到了来自多部高炮炮瞄雷达的信号,配备的"引向标"和IR-133也发现了开机的"扇歌"雷达,F-100F甚至开始了跟踪。但当飞行员驾机降到1000米后,显示器上的信号清楚地表明飞行小队恰好从"扇歌"雷达上空飞过,却没有发现萨姆-2阵地的任何迹象。显然,北越导弹发射阵地已被精心伪装起来了,飞机只好带弹返回。

图1-27 "野鼬鼠"编队

12月20日凌晨,"野鼬鼠"与萨姆-2导弹发生了首次遭遇战,F-100F编队遭受重创。其中1架F-100F在接近盖机场时收到"扇歌"雷达信号并开始引导,但在引导过程中被高射炮击中并坠毁。在遭受多次打击后,1965年12月22日,"野鼬鼠"分队终于获得首次成功,在击毁1个萨姆-2导弹阵地后,整个编队毫发无损地返回,如图1-28所示。对美军而言,这恰逢其时的成功使"野鼬鼠"计划的作战试验最终获得了肯定。

早期的作战行动表明,在北越实施"野鼬鼠"行动比在埃格林靶场要困难得多,原因在于:萨姆-2的雷达较小,多数隐蔽得很好,且在"野鼬鼠"执行引导作业期间随时可能停止发射;同时,在萨姆-2导弹阵地附近往往部署有大量高炮,进行长时间的目视搜寻非常危险。另外,在埃格林靶场用SADS-1"扇歌"雷达模拟器训练飞行员与真正的作战是有差别的。在埃格林,机组人员接受的培训是:在最初搜寻阶段使用"引向标",在最后引导阶段则使用更加灵敏的IR-133

图 1-28　1965 年 12 月 22 日 F-100F "野鼬鼠"首开摧毁萨姆-2 导弹纪录

接收机,但"野鼬鼠"分队机组人员在对付真正的"扇歌"雷达时发现,把程序颠倒过来会使搜寻工作更加容易——在攻击最后阶段,使用"引向标"接收机进行方位校正速度更快,而且,进行攻击时后座乘员不用再低头看显示器,因而可以同时提防米格飞机或高射炮。

随着战争的进行,"野鼬鼠"自身也在不断发展。1966 年 1 月 15 日,代替 F-100F 更为先进的 F-105F"野鼬鼠Ⅲ"型飞机进行了第一次飞行,安装了利顿/Antekna 公司生产的 AYH-1 雷达寻的与告警系统(RHAW),1966 年 5 月,为"野鼬鼠"部队改装的首批 10 架 F-105F 飞机抵达泰国。

F-105F[①]除了装备 APR-25(V)、IR-133C 和 WR-300 外[②],还装备了一种叫作"看导弹"SEE SAMS(See,Exploit,and Evade SAMS)的设备,这种设备在飞机处于"扇歌"雷达方位和高度波束方向图中心时会亮起警示灯,通常表示雷达最后的跟踪已经开始,导弹发射近在眼前(表明将发射)[③],这个灯的名称是方位角指示灯,但是飞行员则称其为 Awshit。如图 1-29 所示,左边是 F-105F"野鼬鼠"飞机后座飞行员面板;右边则是 F-105F 前座飞行员面板,其右上角是 SAM 威胁告警显示器。

---

① 部分 F-105F 还按美国空军的要求安装上应用技术公司生产的 AE-100 方位和高度末端制导系统,AE-100 以飞行员光学瞄准具中的 1 个绿色圆点来指示地空导弹阵地雷达信号的确切方向。安装了 AE-100 的飞机在雷达罩后方安装了 4 个对数周期天线。

② 后来 APR-25/26 被色软基地的 ECM"guru"飞行员威尔登·鲍曼(Weldon Bauman)加以改进,之后可显示出确切的地空导弹发射脉冲信号,而不是非优先考虑的威胁信号的距离。

③ 1 部"扇歌"雷达可以生成 2 个扇形的雷达波束,宽而薄,1 个负责水平方向,1 个负责垂直方向。当 1 个波束锁定目标时,雷达波束脉冲会迅速提高强度以确保跟踪,当两个波束都锁定同一目标时,就如同落入了瞄准的十字线中,导弹马上就会发射。

图 1-29　F-105F 后座(左)及前座(右)面板右上角的导弹威胁告警显示器

SEE SAMS 的具体工作过程如下：当雷达告警接收机天线检测到雷达信号之后，系统接收机立即将其送给计算机，由计算机将其主要特征参数与用电子侦察侦收到的已存储在内存里的雷达参数进行比较。如果其主要特征参数与萨姆-2"扇歌"雷达参数相同，座舱里的红色指示灯立即闪亮，飞行员耳机里出现由雷达脉冲信号产生的音调，当"扇歌"雷达由搜索转换到跟踪状态时，由于脉冲重复频率增高，耳机里音调变得尖起来。与此同时，显示器标识出信号到达方向所在的象限，即导弹所在方位。美军飞行员称他们在耳机里听到的这一声音为"萨姆歌"，当听见它时，就知道导弹正向其冲来，他们必须迅速做出规避机动。

1966 年 6 月 3 日，在 F-100F 的引导下，F-105F 在北越上空执行了第 1 次"野鼬鼠"任务。两天后，还是在 F-100F 的伴随下[1]，另一架 F-105F 飞越了河内地区。6 月 6 日，数架 F-105F"野鼬鼠"首次独立实施了"铁腕"行动，如图 1-30 所示，但未获战果。第 2 天，F-105F 终于获得胜利，袭击了北越目标指示雷达站，此后行动便不断取得成功。

四、电子侦察手段的发展

1968 年 3 月 31 日，美国总统约翰逊宣布单方面停止轰炸北越，随着空中力量将攻击目标转移到缺少防空火力的南部地区，美军飞机极少遭遇北越萨姆-2 导弹的拦截，大规模激烈的对抗行动告一段落。虽然停火期间作战的强度下降了，但美国对电子侦察系统的研制却并未停滞，相反，借助技术进步和巨大的前期投入，美军电子侦察/告警手段有了更快的发展。

---

[1]　7 月，F-100F 飞机撤离了呵叻空军基地，将"野鼬鼠"任务交给了 F-105F。至 1966 年 7 月 11 日 F-100F"野鼬鼠"完成其最后一次飞行，该系统在参战的 7 个月零 11 天的时间内总共摧毁了 9 个地空导弹阵地，原先派遣的 4 架飞机中损失了 2 架，2 架替换的飞机也损失了 1 架。

图 1-30 "野鼬鼠Ⅲ"编队

(一) 雷达告警接收机的换代

作为应急产品,APR-25 和 APR-26 接收机的性能相当出色,但也确实存在一些问题,有些甚至相当严重。

比如,APR-25 的测向误差相当大。由于采取比幅法测向,即使 APR-25 经过很仔细的调整,仍会因天线的几何结构产生±12°的固有误差。更头疼的是当干扰吊舱实施干扰时,干扰信号会使 APR-25 接收机的显示模糊不清。为防止出现这类问题,编队中的每架飞机都要将干扰机关闭很短一段时间,以便对干扰效果进行间断观察。提高 APR-25 的门限电平虽会减少接收到的干扰信号,但仍无法完全消除干扰。

调谐在 800~1000 兆赫频段①上工作的 APR-26 不会受到干扰的影响,但有时会遇到另 1 个难题——苏制 P-15"平面"目标指示雷达(图 1-31)也工作于萨姆-2 导弹制导信号频段,有时两部"平面"雷达的信号合成起来会触发 APR-26 的告警指示灯,被美军称为"'平面'雷达排练"现象,即当两部"平面"雷达照射飞机时,它们合成的脉冲重复间隔有时会满足萨姆-2 导弹发射的告警准则,从而触发导弹发射告警指示灯,进而引起一阵躁动。高度紧张的飞行员们会四处查看,直至指示灯熄灭,才明白并没有导弹打过来。

通过逐步改进,APR-25 和 APR-26 变得更为有效和可靠。因变动太多,接收机进行了重新命名,其新型号分别命名为 APR-36 和 APR-37,如图 1-32 所示。

---

① "扇歌"雷达向飞行中的萨姆-2 导弹发射制导信号所使用的频段。

图 1-31　P-15"平面"目标指示雷达

图 1-32　F-4E 机尾的 APR-36/37 雷达告警系统天线

改进没有停止,下一个重要变化是 APR-36 中的模拟信号处理器变成数字系统,形成了具有可编程软件的 ALR-46 告警接收机,如图 1-33 所示。而美国海军和海军陆战队装备的是 ALR-45 可重编程告警系统,与 ALR-50 导弹告警接收机配套使用,如图 1-34 所示。

1972 年春,ALR-45 和 ALR-50 开始安装在美国海军"萨拉托加"号航母的舰载机上。同年,第一部 ALR-46 装备空军战斗攻击机,正式投入越南战场使

图 1-33　ALR-46 告警接收机

图 1-34　A-4M 机头两旁的 ALR-45 雷达告警天线

用。但是,如同 APR-26 一样,自动识别敌方威胁信号的任何系统都易于产生虚警,ALR-45 和 ALR-50 的组合系统在其战斗经历中就出现了这个问题。

1972 年 5 月,"萨拉托加"号航母的航空联队加入越南战争的行列,在对北越重兵防守的目标进行轰炸前,"萨拉托加"号航母上的航空联队司令德凯·波尔多纳希望在战斗中试用新的 ALR-45/50 组合。于是,波尔多纳驾驶 A-6A 飞至美国海军"中途岛"号航母上空,准备参加第二轮大规模空中攻击行动。结果在和编队会合时,ALR-45/50 系统突然"发狂",发出了各种虚假显示和告警信息,包括表示正遭到地空导弹攻击的音频告警,令人惶恐不安,飞行员不得不关掉 ALR-45/50 系统。之后,波尔多纳向太平洋舰队总司令发了一份电报,声称在解决 ALR-45/50 系统的干扰问题之前,其航空联队装备不适合在北越上空执行作战任务。

这份电报很快起到了作用,几天后,太平洋舰队的电子战军官会同两家生产商工作人员访问了"萨拉托加"号和存在类似问题的"美国"号航母。经研究发现出现问题的原因:一是用于滤除己方雷达信号的消隐单元要么根本没有接上,要么接得不好,导致己方雷达信号造成虚警;二是威胁信号处理器窗口开得太宽,压缩处理器窗口后,虚警率降低到了适当的程度。之后,又实施了代号为"格林机组"的行动,在越南战场安装了 ALR-45 和 ALR-50 的每一架飞机都进行了改进,问题得到了根本性解决。

(二)"野鼬鼠"寻的系统的改进

1968 年 4 月 1 日后,"野鼬鼠Ⅲ"项目继续进行升级改装。大多数 F-105F 电子战设备接受了升级,包括用 APR-35 全向接收器取代 ER-142,APR-36/37 分别取代 APR-25/26,改进后的"野鼬鼠"被赋予了一个新编号 F-105G。F-105G 携带的侦察告警设备包括 APR-35 雷达告警接收机(RWR)、APR-36 导弹发射告警接收机(LWR)与 ALR-31 全向雷达定位告警系统(RHAWS)。有部分飞机中 SEE SAMS(B)被洛拉尔公司的 QRC-317A SEE SAMS(A)所取代,如图 1-35 所示。

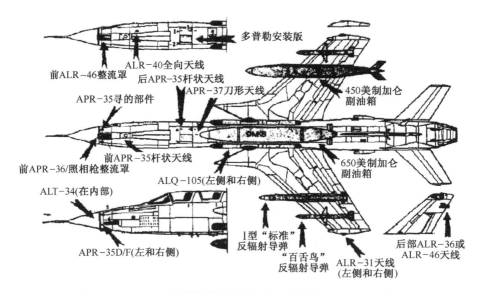

图 1-35　F-105G"野鼬鼠Ⅲ"型飞机(1 美制加仑=3.7854 升)

五、北越的反电子侦察

针对美军强大的电子侦察能力,北越针锋相对地采取了各种技战术措施来抵消、降低美军电子侦察带来的威胁。

(一)转移隐蔽

北越了解美军对萨姆-2 导弹雷达的电子侦察、定位能力,清楚地知道"扇歌"雷达的每次实战运用,都会被包括 RB-66C 在内的电子侦察飞机发现并标定。因此,北越的萨姆-2 导弹系统频繁地进行转移机动(尤其在使用后)。由于北越萨姆-2导弹发射连穿梭般地机动于数个相距数公里的预备阵地之间,这使得确定其具体位置变得非常困难。从接到转移命令开始,一个导弹连只需要3个小时即可撤收、装车完毕;在抵达新阵地后,只需4~6小时即可恢复到战斗状态,如图1-36所示。

图1-36 北越萨姆-2导弹实施机动

到达新的阵地后,北越萨姆-2导弹部队迅速做好隐蔽,精心伪装,如图1-37所示,使得美军很难发现,实现了用常规方式将美军电子侦察情报"降效"的效果。

图1-37 实施伪装后的北越萨姆-2及其阵地

同时,北越还设置了许多新的假导弹阵地,给美军确定真阵地的确切位置增加了不小的困难。

(二)控制辐射时间

当美军飞机开始具备对萨姆-2导弹"扇歌"雷达的预警能力后,北越操作手就开始控制"扇歌"雷达的辐射时间。在战争的初期阶段,北越"扇歌"制导雷达有时会在导弹发射之前用5分钟或者更长时间对空搜索,以便有足够的时间来捕获和跟踪目标,但一旦"野鼬鼠"飞机开展"铁腕"行动,对雷达的这种无限制地使用便立即中止了。北越地空导弹操作员从萨姆-2导弹教程上的120千米开制导雷达天线捕捉目标,压缩至40千米左右;将8分钟的射击指挥和战斗操作时间压缩到30秒左右。辐射时间的缩短,降低了被电子侦察发现并精确标定阵地位置的概率,增强了萨姆-2导弹系统的生存能力。

(三)虚实相间,电子伴动

北越也针对美军的各类告警、干扰系统展开欺骗。据悉在清化大桥保卫战失利后,苏联顾问组通过一部"扇歌"雷达并带上若干示波器,在美国战机群临空时进行试验:发射不同频率的电波,观察美国战机反应。其间意外发现美军SEE SAMS系统的一个推理错误:当"扇歌"的距离模式从150千米切换到75千米(此时脉冲数翻倍)时,美军会认为导弹即将发射①。美国战机探测到这个信号转换后,战斗轰炸机会做大机动动作摆脱跟踪,甚至直接丢弃弹药,B-52、C-130这样的大型飞机会主动开启干扰机,而作为诱饵的无人机却毫无反应,继续径直飞行。发现这个弱点后,苏联顾问组马上把那个距离模式开关作为假发射开关使用来恐吓美国战机放弃攻击,并将区分对方机型的战术推广开。这不但欺骗了美军,而且一个意外的收获就是彻底误导了美军对萨姆-2发射数和越南后勤能力的估计②。"扇歌"雷达的操作人员还经常使得飞机上的APR-26接收机产生迷惑显示:有时,北越发射导弹,但是尽可能长时间地推迟辐射制导信号;另一些时候,北越辐射导弹的制导信号,但并不发射导弹。

除了用真实的"扇歌"雷达实施电磁欺骗,北越还使用无线电信标台发射欺骗性电磁波模拟地对空导弹的发射,使美轰炸机上的告警系统发出萨姆-2导弹来袭的虚假警报,迫使飞行员扔掉炸弹仓惶躲避。

(四)加装光学跟踪系统

为了抗干扰、增加打击低空目标的能力,同时逃避美军反辐射导弹的侦察锁定和攻击,北越在一些"扇歌B"雷达上安装了光学跟踪系统,这种经过改进的雷达被北约称为"扇歌F",如图1-38所示。具体改进是在雷达方位扫描天线(即水平槽状天线)的顶部安装一个盒子,里面装有一台带有高倍望远镜的光学跟踪控制器,苏联称之为"狗窝",美国则称之为"鸟巢"。借助于伺服系统,操作人员能够将导弹制导雷达精确地瞄准目标飞机而无需发射任何信号,这样就不会使飞行员对即将来临的攻击有任何警觉。

---

① 事实上,初期萨姆-2引导技师在切换距离模式后一般都会发射导弹,所以两者在统计上确实存在一定关联。

② 据悉后来那个大得离谱的北越萨姆-2导弹发射数就是源于这个不起眼的小开关。

图 1-38　安装光学系统的"扇歌 F"

尽管光学跟踪系统在夜间或者阴云笼罩的气象条件下无法工作,而且也不能提供精确的距离信息,但实战情况表明这种系统确实非常有用。

附录 1　萨姆-2 导弹系统简介

标准的萨姆-2 地空导弹火力单位是防空营。每个防空营装备 1 部"扇歌 B"边扫描边跟踪雷达、6 座导弹发射架,每个发射架上装有 1 枚导弹,另有 6 枚待装填导弹,还装备有指挥控制车、发电机和敌我识别询问系统。萨姆-2 是半机动系统,能够移动但移动过程中不能发射导弹,系统机动需要经过专门改造的运输车辆来进行。

导弹发射阵地的通常架设/配置方式是以"扇歌"雷达为中心,6 个导弹发射架围绕在其周围。这种配置方式可能要根据地形条件改变。3 个导弹营组成一个萨姆-2 团,每个团配有 1 部 P-12"匙架"目标指示雷达,为导弹营指示目标,能够提供目标的距离、方位和大致高度信息。

一、系统组成

(一)"扇歌 B"雷达

"扇歌 B"雷达车装有 2 部独立雷达,分别工作在 2965~2990 兆赫和 3025~

3050兆赫两个频段,每个频段的峰值功率为600千瓦;有两副独立的槽状天线①,一副垂直,一副水平,装在车舱顶部。一部雷达测量目标的方位,第二部雷达与第一部雷达的频率间隔为60兆赫,用于测量目标的高度。一个电子扫描系统使水平和垂直波束快速摆动,波束移动呈锯齿形,一个水平极化,一个垂直极化,摆动范围以槽状天线轴为中心左右各5°,如图1-39所示。不论是在每秒1250个脉冲的搜索模式,还是在每秒2500个脉冲的跟踪模式,两部雷达都协同工作。

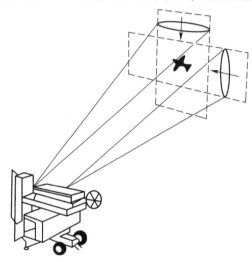

图1-39 "扇歌"雷达的波束方向图

"扇歌"雷达也对飞行中的每枚导弹发射上行信号,以触发每枚导弹携带的应答信标。从导弹返回的下行信号,工作于3140兆赫,被"扇歌"的两副槽状天线接收。随后,下行信号送入发射计算机,使后续发射的信号能跟随空中导弹的运动。通过测量导弹和目标飞机的相对位置,计算机产生一系列所需的制导信号,引导导弹拦截。制导信号(指令信号)工作在700~850兆赫频段范围内,由装在水平槽状天线一端的抛物面圆盘状天线发射,控制导弹转向。其工作过程如图1-40所示。

(二)"导线"导弹

35英尺长的"导线"导弹是萨姆-2导弹系统的攻击武器。该导弹装有固体燃料助推器和液体燃料发动机,发射重量约2300千克。指令制导导弹发展了几种型号,主要型号带有爆破杀伤弹头,重127千克,由近炸引信引爆。导弹最大时速超过马赫数3,对未作机动和未进行干扰的高空飞行目标的最大交战距离

---

① 亦称路易斯(Lewis)或刘易斯天线。

 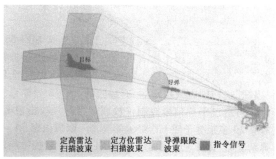

图 1-40 "扇歌"雷达的工作过程示意

为 21 千米。该导弹也可由地面的指令信号引爆。如果导弹在发动机燃料耗尽和推力终止之前还未发现目标,导弹在 2 秒之内将自行引爆。"导线"导弹弹体结构如图 1-41 所示。

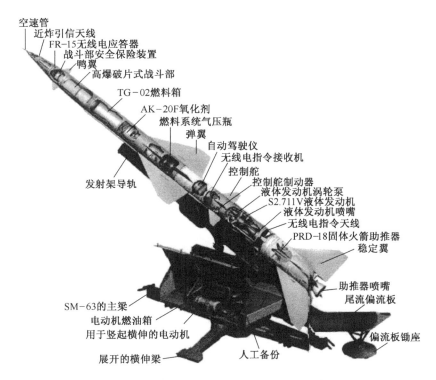

图 1-41 萨姆-2"导线"导弹弹体结构示意

二、萨姆-2 导弹火力单元的典型交战方式

在通常的作战行动中,目标都是由防空团的"匙架"目标指示雷达首先发

现。一旦目标被识别为敌方目标,它就被分配给其中 1 个导弹营。

当这个导弹营获得目标的方位和距离后,"扇歌"雷达和已装载导弹的发射架即转向目标方位,槽状天线也指向目标。雷达开始以每秒 800 个脉冲的搜索速率工作。然后方位和仰角操作人员精确调整天线,将目标置于扫描方向图的中心。

一旦"扇歌"雷达天线对准目标,系统即切换到边扫描边跟踪方式。脉冲重频增大到每秒 1500 个脉冲。系统的模拟计算机大约需要 10 秒的跟踪时间,以便算出必要的攻击控制方案,然后开始发射导弹。

导引飞行中的导弹有两种可供选用的方式,而且在发射之前必须确定采用哪一种。

第一种是所谓的"三点法",即保证制导雷达、导弹和目标始终在一条直线上,直到最后击中目标,如图 1-42 所示。这种方法实现起来很简单,对于射手的要求也比较低,但抗干扰能力差,而且随着敌机飞行速度的加快,导弹需要不断调整自身姿态来保持"三点一线",因此越是接近目标,导弹飞行曲线越是弯曲,为了调整飞行方向需要消耗能量越大、承受的过载也跟着变大。在存在电子干扰阻止"扇歌"雷达精确测定目标距离时,可采用这种方法,它能够利用最佳可用的距离信息或"估测值",确定目标何时进入导弹发射范围。由于导弹的飞行弹道为一弧线,所以它的有效作战距离小于"前置法",系统的杀伤概率也相应降低。

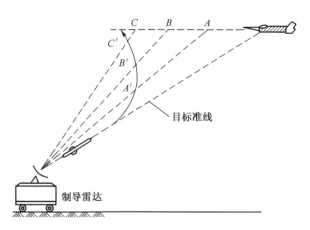

图 1-42 "三点法"制导

第二种是"前置法",是更加精确、发射距离更远,而且通常更加有效的制导方式。攻击计算机根据飞机的速度、航向和高度计算出在飞机之前的碰撞位置,1 枚或多枚导弹发射后沿直线飞向指定点,当目标飞机进行规避机动时可对导弹的航向作必要的校正,如图 1-43 所示。这样导弹飞行曲线比较平滑,消耗能量和承受过载也小一些,对射程的影响也比较小,但这种方式对射手的要求比较高,需要根据显示屏上敌机信号强弱判断敌机的飞行速度和轨迹,然后通过计算预判交会点。一般作战中使用"前置法"的机会多一些。

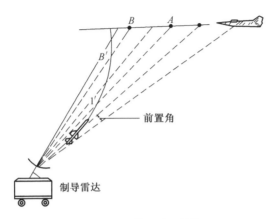

图 1-43 "前置法"制导

对付没有施放干扰的目标,系统通常发射 1 枚或 2 枚导弹;对付施放干扰的目标,通常发射 2 枚或 3 枚。通常在连续发射时,相邻两枚导弹之间有 6 秒的最小间隔时间。在每枚导弹发射后的最初 7 秒时间内,导弹迅速加速,锁定控制参数,直线爬升前进。一旦推进段结束,推进火箭即脱离,解除对导弹的控制,并开始由"扇歌"雷达发射制导信号。在开始发射制导信号之前,完成推进段需要约 9600 米的最小有效交战距离。一旦导弹进入制导状态,它就稳定加速,沿弧线飞向目标。当导弹的雷达近炸引信指示目标已进入弹头的杀伤范围时,引信即被触发。

其射击指挥程序如图 1-44 所示。

三、萨姆-2(萨姆-2B)导弹系统的技术参数

最大射程:30~40 千米

有效射程:20.8 千米

有效射高:1000~27000 米

最大速度:马赫数 4

弹长:10.8 米(不包括助推器时为 8.25 米)

翼展:1.74 米

助推器尾翼翼展:2.57 米

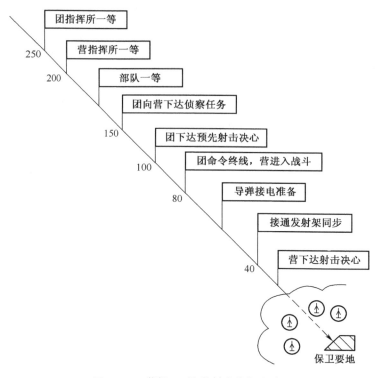

图 1-44 萨姆-2 导弹射击指挥程序

直径:0.50 米(第二级)、0.65 米(第一级)

发射重量:约 2300 千克

动力装置:1 台液体燃料主发动机,燃烧时间 22 秒;1 台固体燃料助推器,燃烧时间 4~5 秒。推力开始时最大 50 吨(最小 27 吨),工作结束时 37 吨

制导方式:无线电指令

战斗部:破片式烈性炸药 135 千克

制导雷达:

工作频段:2965~2990 兆赫、3025~3050 兆赫

峰值功率:600 千瓦

波束宽度:10°×2°

扫描速率:16 赫兹

脉冲宽度:4 微秒

脉冲重频:1250 赫兹(搜索状态)、2500 赫兹(跟踪状态)

作用距离:120 千米(搜索状态)、60 千米(跟踪状态)

四、萨姆-2 的型号发展

萨姆-2A：C-75"德维纳河"Dvina(Двина)。装备"扇歌 A"制导雷达(图 1-45)、V-750 或 V-750V 导弹。1957 年入役,有效射程 8~30 千米,有效射高 450~25000 米。

图 1-45　"扇歌 A"制导雷达

萨姆-N-2A：C-75M-2"沃尔霍夫河-M"Volkhov-M(Волхов)。斯维尔德洛夫级巡洋舰"捷尔任斯基"号尝试安装了 1 座双联导弹发射架和配套的雷达、弹库,效果并不理想。

萨姆-2B：C-75M"德维纳河 M"Dvina M。"扇歌 B"制导雷达、V-750VK 或 V-750VN 导弹。1959 年入役的第二代系统,装备了更强大的助推段发动机,有效射高 500~30000 米,最大射程 34 千米。

萨姆-2C：C-75M"杰斯纳河"Desna(Десна)。"扇歌 C"制导雷达、V-750M 导弹。萨姆-2B 的改进型,1961 年入役。V-750M 导弹射程提高到 43 千米,最小射高降低到 400 米。

萨姆-2D："沃尔霍夫河"Volkhov。"扇歌 E"制导雷达、V-750SM 导弹。有效射程 6~43 千米,有效射高 250~25000 米。

萨姆-2E："扇歌 E"制导雷达、V-750AK 导弹。可装载 15 千吨当量核弹头或 295 千克常规战斗部。

萨姆-2F：C-75M2"沃尔霍夫河 M2"Volkhov-M2。"扇歌 F"制导雷达、V-750SM 导弹。1968 年入役,针对越南战争与中东战争的教训加强了抗干扰能力。

上述各型萨姆-2导弹的性能包线如图1-46所示。

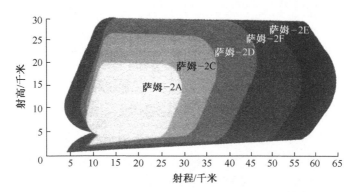

图1-46 各型萨姆-2导弹的性能包线图

第二章 反电子干扰
——萨姆-2导弹系统的反电子干扰

第一节 初期阶段干扰与反干扰的斗争

萨姆-2导弹系统威胁出现后,经过第二次世界大战、朝鲜战争洗礼,拥有丰富电子战经验和技术储备的美军马上意识到通过电子干扰来对抗萨姆-2是一条可行路径,于是很快便拉开了对萨姆-2实施干扰的序幕。

一、前期干扰手段的探索

(一)"格兰格盒"的尝试

在1957年萨姆-2威胁出现后,美国就发展了应急性干扰手段。在被苏联击落的鲍尔斯驾驶的U-2上,就装载有1种准备对付萨姆-2"扇歌"雷达的干扰装置——"格兰格盒"(Granger Box)。这是美国中央情报局委托格兰格联合公司生产的一种安装在减速降落伞舱内的逆锥扫转发式欺骗干扰机。该干扰机的辐射呈圆锥形向飞机后方发射,对来自其他方向的攻击无效。一位设计师说:"包括我们自己谁也没有把它看成为一个无缝的盔甲,只能说它比没有强。"在这样的情况下,中央情报局勉强接受了这一装置并把它安装在执行任务的U-2飞机上。结果表明,它不能有效对付"扇歌"雷达。尽管如此,在没有更好保护手段时,其他U-2飞机上也装备了"格兰格盒",如1962年9月9日被我萨姆-2导弹击落的U-2飞机上就有这种装备,被称为"9号系统"。

(二)干扰系统的发展

1. 内置式干扰系统

美军对干扰手段的探索起源于得知苏联装备了萨姆-2导弹时,尤其是执行突破苏联防空网实施大规模轰炸任务的轰炸机部队最为积极。

早在1957年,美国海军为A-3D攻击机设计的ALQ-19[①](图2-1)能破坏

---

① 最初ALQ-19的目标是苏联萨姆-1导弹的"约-约"制导雷达,当时美国海军的重型攻击飞行中队因缺乏对抗措施保护招来了美国空军参谋部的持续攻击,面对国会可能撤回拨款的风险,美国海军航空局不得不紧急寻求保护飞机的方法。

圆锥扫描跟踪雷达的锁定,但对海军飞机的最大潜在威胁却来自苏联的"约-约"和"扇歌"导弹制导雷达,而这些雷达是边扫描边跟踪体制,并不锁定在目标上,其工作原理如图2-2所示。

图2-1 最早的转发式欺骗干扰机 ALQ-19

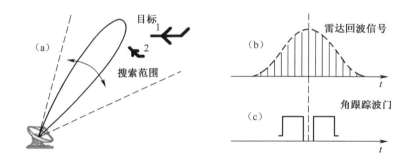

图2-2 边扫描边跟踪体制跟踪原理

于是,为能对抗这些雷达,桑德斯公司的工程师们调整了 ALQ-19 的逆锥扫欺骗模式,这种技术被称为主波瓣消隐——干扰机按正常方法检测出雷达的调制方式,当调制最弱时便以最大信号去响应它,当调制最强时则不对它发射信号。这在边扫描边跟踪雷达上的效应便是在显示器上飞机显得比正常更大,但是飞机并不位于增强的尖头信号的中心。其原理如图2-3所示。因此,如果雷达操作员将导弹瞄向尖头信号的中心,武器便会偏离目标几分之一度,距离飞机19.2千米远的雷达产生 0.25°跟踪误差,就意味着导弹将偏离目标约91米,足以使飞机处在萨姆-2导弹战斗部的杀伤区外。1960年7月,ALQ-19和ALQ-32干扰机开始在海军服役。

1960年美国海军开始研制 A-5"民团团员"和 A-6"入侵者"攻击机。A-5 计划安装 ALQ-42(Ⅰ波段)和 ALQ-43(E、F波段)干扰设备,A-6 则计划安装 ALQ-19 和 ALQ-32。与此同时,美国海军还开始研制一系列转发式欺骗干扰

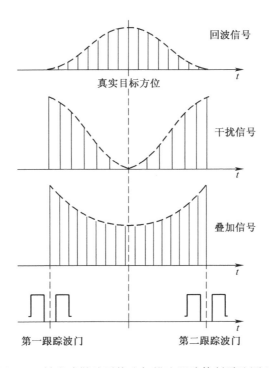

图 2-3 转发式欺骗干扰边扫描边跟踪体制雷达原理

机,包括 ALQ-41(Ⅰ波段)、ALQ-49(G、H 波段)、ALQ-51(E、F 波段)和 ALQ-69(J 波段)。到了 1961 年,梅尔帕公司的 ALQ-42 和 ALQ-43 干扰机研制陷入困境,好在桑德斯公司生产的新型 ALQ-41 和 ALQ-51 干扰机在试验中表现很好,因此美国海军决定将这两种设备定为所有攻击机的制式装备。A-3D 轰炸机携带每种设备 2 部,呈前后背向安装;A-3J 轰炸机携带每种设备 1 部,安装在中央;而 A-6 攻击机携带 2 部 ALQ-51(向前向后各 1 部)和 1 部 ALQ-41。上述部分设备在后来与萨姆-2 导弹的对抗中发挥了实质性的作用。

对美国空军而言,ALQ-27 干扰系统研制失败后,为给 B-52 轰炸机提供电子战保护,空军生产了 ALT-13、ALT-12 及 ALT-16。另外,箔条投放器也有所发展,在 ALQ-27 干扰系统"子设备"9A 箔条投放器的基础上研制成的 ALE-24,其无捆扎箔条包尺寸为 12.7 厘米×7.62 厘米×2.54 厘米。这样,B-52 飞机上配备的电子战设备包括:10 部 ALT-6B 慢速扫描瞄准式干扰机(E~I 波段),2 部 ALT-13 返波管干扰机(E、F 波段),1 部 ALT-15 分布式放大器干扰机(A 波段),1 部 ALT-16 返波管干扰机(D 波段),8 部 ALE-24 箔条投放器,这些干扰机由 APR-9 和 APR-14 接收机指示敌雷达目标。

2. 干扰吊舱

与轰炸机等大型飞机不同,美军各类战术飞机没有专门或足够大的空间来安放电子战装备,为此不得不采取外挂吊舱的方式。

1961年,在ALQ-31①的基础上,通用电气公司开始研制QRC-160噪声压制式干扰吊舱。QRC-160吊舱长2.56米,最大直径为25.4厘米,重量不足45千克。其中QRC-160-1工作在D/E波段,用以对付高炮炮瞄雷达和导弹制导雷达。吊舱采用4个调谐波段为2400~3500兆赫的电压调谐磁控管,每个磁控管可产生100瓦以上的调频连续波干扰功率。将每个磁控管调整到相邻而重叠的频率上,就能达到阻塞干扰的效果,当然也可以用来对4个不同波段实施干扰。安装在吊舱外部的2副短截线天线和2部缝隙天线可在水平面实施全向干扰。前端的1台冲压空气涡轮发电机可使吊舱的工作不必依赖飞机的电源。飞机座舱里有1个简易开关,用来控制吊舱干扰发射机的开启。

到了1962年7月,QRC-160干扰吊舱在埃格林空军基地吊挂在F-100机翼下进行首次飞行试验,如图2-4所示,结果表明对模拟的苏联高炮炮瞄雷达和导弹制导雷达非常有效。尔后,又针对搜索和测高雷达进行飞行试验,效果同样令人满意。于是,美军订购了150部QRC-160吊舱,并在第二年交付首批吊舱给战术空军司令部及战斗轰炸机部队,希望能使这种新系统形成作战能力。

经过古巴导弹危机后,原以为这些干扰吊舱将会受到战术空军司令部和太

图2-4 QRC-160-1干扰吊舱

---

① 实际上这次命名仅仅是指一种可容纳干扰机的横截面为椭圆形的流线型空容器,可装许多种干扰机或防御性电子干扰设备,目的是为F-100、F-105等战斗轰炸机提供电子对抗能力。为美国战术空军司令部设计的典型结构中,ALQ-31可装2部ALT-6B噪声干扰机。第一个进入生产并安装在高速战斗飞机上的电子干扰机吊舱是装备在部分B-47轰炸机上的改进型"梯城"(Tee Town)吊舱,每个可装4部ALT-6B干扰机。

平洋空军的热切欢迎。但实际上情况正相反,美国空军战术空军司令部对干扰吊舱毫无兴趣,拒不培训维护"快速反应能力"设备的人员,也拒绝为作战试验和战术研究提供飞机和机组人员。直到空军参谋长干预,才总算把吊舱加挂到飞机上,并在部分飞机没有为吊舱正确布设导线的情况下开始草草试飞,结果导致 4 部 QRC-160 吊舱被机组人员无意中抛弃。最后,和海军的 ALQ-51① 一样,QRC-160 吊舱被束之高阁。

二、萨姆-2 反干扰技术的发展

在萨姆-2 亮相且广泛部署并击落 U-2 后,苏联清楚地知道萨姆-2 系统"扇歌"雷达面对干扰时的脆弱性,意识到较低的抗干扰性能是其易被利用的薄弱环节。为提高萨姆-2 导弹在强电磁干扰条件下的跟踪能力,苏联在 1961 年完成了对老式"扇歌 B"型雷达的升级,并将其定型为"扇歌 E"(苏联编号 RSN-75V)。

与旧式"扇歌 B"相比,"扇歌 E"安装了"Biser-M"大功率磁控管,使其峰值功率提升到了 1500 千瓦,探测距离达到 70~145 千米。其工作频率为 G 波段,其中水平波束频率为 4910~4990 兆赫,垂直波束频率为 5010~5090 兆赫。

"扇歌 E"雷达在水平槽状天线上方增加了两个小型碟状跟踪天线(笔形波束扫描天线),一个水平极化,一个垂直极化,如图 2-5 所示。

图 2-5 "扇歌 E"雷达(上方左边碟状天线为水平极化,右边为垂直极化)

两部天线采取屏蔽接收技术(Lobe On Receive Only,LORO)来使得被跟踪飞机上的雷达告警接收装置失效。其工作原理是:当"扇歌 E"雷达的槽状天线

---

① 1962 年 ALQ-51 干扰机开始装备在美国海军 A-3 和 A-5 飞机上,但一线部队通常并不愿意携带这些占用燃油重量的电子战设备,因此将其拆卸下来放入仓库,结果导致很多干扰机损坏。

捕获目标后,立即停止辐射,水平槽状天线上方的两个碟状天线发出波束较宽的雷达波照射目标,槽状天线只接收反射波,这样,"扇歌 E"雷达就可以对目标进行无源跟踪,隐蔽了制导雷达体制和某些参数,使敌方角度欺骗干扰失效。其不同状态下各类天线工作模式如图 2-6、图 2-7 和图 2-8 所示。

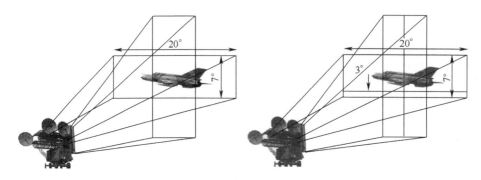

图 2-6 "扇歌 E"槽状天线宽波束扫描(左)与窄波束扫描(右)示意图

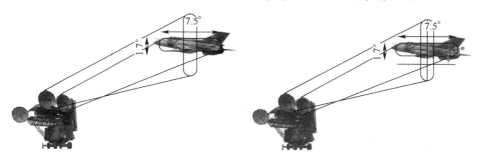

图 2-7 "扇歌 E"碟形天线宽波束扫描(左)与窄波束扫描(右)示意图

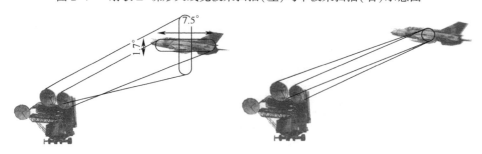

图 2-8 "扇歌 E"碟形天线搜索模式扫描(左)与跟踪模式扫描(右)示意图

"扇歌 E"最多可以同时跟踪 6 个空中目标,还增加了一个动目标指示装置,显著增强了敌方投放箔条时的动目标追踪能力;工作模式除了手动、自动外,还增加了对抗敌方电子干扰的手动/自动混合模式。总体而言,"扇歌 E"的出现大大增强了萨姆-2 导弹系统的整体抗干扰能力。

第二节　古巴导弹危机中的干扰尝试

一、未能实战的 ALT-6B

如前文所述,在古巴导弹危机中,美军 RF-8 侦察机低空侦察古巴弹道导弹阵地成功后,为躲避美国侦察,古巴将修建时间改为夜间。当时美军只有 RB-66B"破坏者"侦察机(图 2-9)具备夜间侦察能力。为掩护其在夜间侦察时免遭萨姆-2 导弹攻击,美军在 RB-66B 飞机上突击安装了 2 个带有 ALT-6B 干扰机的 ALQ-31 吊舱。因夜间侦察行动最终并未实施,所以无从得知仓促安装的干扰吊舱是否能发挥作用,但考虑到 ALT-6B 干扰机在慢速扫描干扰状态时存在的缺点,美军认为有效干扰的可能性不大。

图 2-9　可实施夜间侦察的 RB-66B 侦察机

二、新频段干扰机

1962 年 10 月,1 架美国电子侦察机在古巴沿海执行电子侦察任务时,截获到最新型"扇歌"导弹制导雷达的信号,该雷达的工作频率在 G 波段,美军推断应为 1961 年开始生产的改进型"扇歌 E",这是首次在苏联领土外发现这种型号的装备。

在古巴发现改进型的"扇歌 E",加上安德森少校驾驶的 U-2 飞机被导弹击落,凸显了可覆盖 G 波段的 ALQ-49 转发式干扰机的重要性,但此时该干扰机尚未进入飞行试验阶段。研制公司根据一项紧急计划装配了 3 部工程研制样机,并准备了 1 部用于试验性飞行,然后将它们安装在 U-2 飞机上。尽管行动相当迅速,但最终没能赶上时间节点,在古巴萨姆-2 导弹威胁消除前未能对飞机起到防护作用。

第三节 越南战场上干扰与反干扰的激烈对抗

与之前在古巴的侦察行动不同,越南战场上美军有更多的资源和手段可以对萨姆-2导弹及其支持系统实施干扰,但其面临的威胁也是综合性的,这导致了在越南战场十分激烈的干扰对抗。

一、"滚雷"行动中的干扰与反干扰

(一) 美军的远距离支援干扰

在越南战争初期,美军的干扰手段中,由专门电子战飞机实施的远距离支援干扰相对成熟,很快就被应用于战场。主要手段包括:

1. R/EB-66B/C/E

1965年5月部署到越南的6架RB-66C型飞机除电子侦察设备外,还装备了9套干扰设备,其中大多数是ALT-6B,另外携带1部干扰箔条投放器。该机可遂行搜集电子情报和实施干扰的双重任务。当越南战场上第一架飞机被萨姆-2击落时,另外9架RB-66C正在泰国色软空军基地执行临时任务。1965年10月,这9架RB-66C正式移交给太平洋空军司令部,编为第41战术侦察中队。

同月,根据登普斯特将军的建议,5架EB-66B从欧洲飞抵色软空军基地,以加强电子战部队的力量。尽管EB-66B在外观上与RB-66C相似,但作用却大不相同。EB-66B不具备电子情报搜集能力,但在以前的弹舱位置安装了一个托架,放有23部ALT-6B或其他型号的噪声干扰机,每部干扰机的频率和带宽起飞前已预置好,操作员只需控制每部干扰机的开关即可,如图2-10所示。

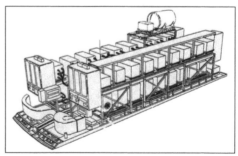

图 2-10 EB-66B 电子战飞机(左)及其弹舱电子战设备(右)

因为对北越的进攻需要额外的干扰支援,面临干扰力量不足困境的太平洋

空军实施了"铆钉黑蛇"计划,对 RB-66C 的干扰和侦察设备加以现代化,改进为 EB-66C 标准,如图 2-11 所示。这些飞机在原有测向用 APR-8 雷达信号接收器的基础上,又加装了能与 APQ-27 雷达干扰系统协同使用的 APR-10 和 APR-11 雷达信号接收器。EB-66C 在侦测到对方雷达方向后,对信号进行检测并判断雷达工作频段,然后实施干扰。

图 2-11　在翼尖安装有 APR-4 电子战吊舱的 EB-66C

在越南战场,EB-66C 与 EB-66B 一起在指定地点上空盘旋飞行,为 F-105 的进入和退出航线提供干扰掩护,如图 2-12 所示。但这些老旧飞机功率不足,且导航和干扰系统都已过时,干扰效果差强人意,即使在离威胁区很近的空域飞行,其干扰也只能为攻击机提供有限的保护。1966 年 2 月 1 架 EB-66C 飞机在荣市附近执行支援干扰任务时,被萨姆-2 导弹击中坠入大海。第 7 航空队的反应是将其后撤近 160 千米,虽然保证了安全,但这样一来,它们的作用也就变得微乎其微了。后来,在机组人员的坚持下,EB-66C 的巡逻区又逐渐前移,直到最后其执行任务的空域离萨姆-2 导弹发射阵地只有约 80 千米。

到了 1967 年年初,鉴于 EB-66B 飞机干扰高炮炮瞄和导弹制导雷达的效果一直受到怀疑,美军便将这些飞机集中对付远距离监视雷达、目标指示雷达和测高雷达。对这些雷达实施有效干扰,会迫使导弹制导雷达延长对空搜索时间以捕捉目标,从而使其更容易遭受"铁腕"飞机攻击。

1967 年 8 月,第一批 EB-66E 飞机抵达战区,替换了 EB-66B。EB-66E 机身表面增加了许多天线(图 2-13),翼下可挂载干扰吊舱。改装后的轰炸机配有 3 名机组人员,弹仓内安装了 6 套共 34 部干扰发射机,其中大部分是 ALT-6B。EB-66E 还配备 1 部 ALR-20 全景接收机,帮助干扰发射机调谐到目标雷达的工作频率上,如图 2-14 所示。但 EB-66E 的电子战装备存在一个重大缺陷:只要开 1 部干扰发射机,就会把 ALR-20 接收机的 5 条扫描线全部消除掉,因此通

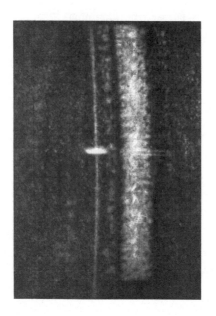

图 2-12　EB-66 施放噪声干扰（右边光带），左边 A-6 未施干扰被看见

常接收机起不到作用，而干扰机则采用预置频率方式工作。

图 2-13　EB-66E 较 EB-66B 机腹增加了许多天线

2. EA-1F

面对萨姆-2 导弹威胁，美国海军也试图通过远距离支援干扰来解决问题。当时美国海军能为攻击机编队提供远程干扰保护的舰载机只有 EA-1F，如图 2-15 所示。

EA-1F 搭载了 ALT-2 干扰机（L/S/X 波段）与 ALT-7 干扰机（VHF 波段）等干扰设备，并可外挂 ECM 吊舱与 ALE-2 干扰箔条撒布吊舱，有时也携带 ALQ-31 吊舱，如图 2-16 所示。虽然种类较多，但其性能不佳，难以在北越防空

 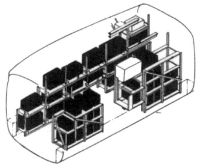

图 2-14　EB-66E(左)及其电子战设备舱(右)

图 2-15　挂载 APS-19 雷达吊舱和 ALT-2 干扰吊舱的 EA-1F 飞机

区上空生存。于是在 1968 年 12 月 27 日执行了最后一次电子战任务后,EA-1F 被退役封存。

图 2-16　携带 ALQ-31 吊舱的 EA-1F 飞机

3. EKA-3B

由于 EA-1F 日渐老化,美国海军通过"加油与干扰"计划,将 37 架 A-3 改装成 EKA-3B,其干扰设备包括 2 部利顿公司生产的 ALT-27"独木舟"D/E 波段噪声干扰机(每部干扰机都与 1 部高增益方向可调天线相连接)和 1 部可干扰米波警戒雷达的 ALQ-92 干扰机。

ALT-27 天线被包在一个新的机腹整流罩内,和加油设备融为一体。ALQ-92 有两个不同的天线阵列,如图 2-17 所示,其中一个位于侧面的"气泡"内,另一个是单一大型垂直极化甚高频刀型天线,被装在机鼻下方。EKA-3B 飞机右侧弹舱舱门只有在安装 ALT-27 时才被打开。飞机自卫设备为 1 部 ALQ-41/51 转发式干扰机、1 部 APR-32 告警接收机和 1 部箔条投放器。其电子战系统分布如图 2-18 所示。

图 2-17　EKA-3B 侧面的 ALQ-92"气泡"

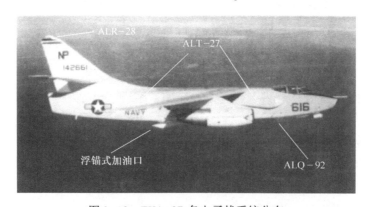

图 2-18　EKA-3B 各电子战系统分布

在使用上,当舰载航空兵大队遂行大规模作战行动时,会出动 1 架或 2 架 EKA-3B 飞机参战。EKA-3B 一般首先起飞,爬升到一定高度后便在航母上空盘旋飞行。一旦航空兵大队起飞并飞向目标,EKA-3B 就跟在编队后面飞行。当航空兵大队到达北越海岸线时,EKA-3B 飞机就在指定空域以环形航线飞行,为编队提供干扰保护。

由于在萨姆-2 导弹的射程内难以生存,EKA-3B 总是远离海岸线实施远距离干扰,其巡航高度一般为 6000 米,对"扇歌"雷达实施阻塞式干扰。干扰设备操作人员配有一部带测向示波器的 ALR-28 接收机,以便以人工方式将干扰天线调整到目标雷达方向。总体而言,这些飞机的干扰能力能够对付北越的地面威胁,但由于使用的是人工调谐噪声干扰机,其干扰能力相当有限;另外,它也无法伴随攻击编队实施近距离掩护。

4. EF-10B

美国海军陆战队则由 EF-10B"空中骑士"飞机(图 2-19)担任干扰支援任务。EF-10B 携带 2 部内装的干扰发射机:1 部装在机头雷达天线罩左上部的 ALT-2,另 1 部装在机尾设备舱里的 ALT-6B 或 ALT-2。两部发射机都使用短弯刀形天线,并在接近或离开目标时实施干扰。

图 2-19　EF-10B 电子战飞机

EF-10B 也可在机翼下挂载干扰吊舱。一部吊舱包括 ALQ-31 外壳,装有 ALT-2、ALT-6B、ALT-17、ALT-19 或 ALT-21 中的 2 部杂波干扰机,也可装备 ALQ-41 或 ALQ-51 欺骗干扰机,具体选择哪一种要取决于吊舱是用于自卫性(称为 ALQ-31A)还是进攻性干扰(此时吊舱被称为 ALQ-31B)。翼下挂点也可用于挂载 ALE-2 干扰箔条投放吊舱。虽然装备齐全,可在越南的远距离作战意味着这些装备没有一个能经常使用——挂架通常被副油箱占用了。1967 年,通过为机尾发射机(通常是 ALT-6B)附加一个可控制的天线,EF-10B 的远距干扰能力有所提高。

EF-10B 主要对轰炸非军事区和北越南部目标的攻击机编队提供支援,如果收到高炮炮瞄或导弹制导雷达的信号,就在特高频警戒频率上发出告警信息,并且对高炮炮瞄或"扇歌"雷达实施干扰。如从 1965 年 4 月起,B-57B 开始对胡志明小道进行夜间轰炸时,就主要由 EF-10B 飞机提供干扰支援掩护。从 1966 年 10 月起,EF-10B 逐渐被更先进的 EA-6A 替代。

5. EA-6A

1965 年年底,美国海军提出了远距离支援干扰专用飞机的需求,要求这种飞机配备最先进的干扰设备,以支援在目标地区行动的舰载机大队。这种远距离干扰飞机还应能干扰敌方掩护部队的机载雷达及对舰攻击机和导弹的雷达,向海上特遣作战群提供有效的支援。

于是,美国海军计划改装格鲁曼公司的 A-6 来担负相关任务,仓促间生产出一种类似于后来为陆战队小批量生产的双座 EA-6A 飞机。1966 年 11 月,首架双座 EA-6A 随队掩护干扰飞机抵达岘港,取代了海军陆战队航空兵 VMCJ-1 混合侦察机中队老式的 EF-10B 飞机。首批 12 架 EA-6A 飞机安装了 ALQ-53 无源接收吊舱、ALR-15 雷达告警接收机、ALE-15 箔条布撒器以及 ALQ-66 接收/监视系统。该机在机翼和机身挂架下还可挂载 5 个干扰吊舱,包括 ALQ-32、ALQ-54 或 ALQ-76,另外还可以挂载 ALQ-86 接收/监视系统、ALE-31 或 ALE-41 箔条干扰吊舱(挂载于每个机翼的外侧),如图 2-20 所示,其部分设备如图 2-21 所示。

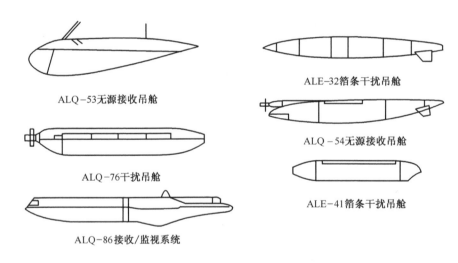

图 2-20　EA-6A 挂载的各种吊舱

EA-6A 原计划装备道格拉斯-雷声公司生产的 ALQ-76 大功率干扰吊舱,但由于生产时间延迟而没有投入使用。即便如此,首次投入作战行动的 EA-6A 飞机所携带的设备还是被叫作 ALQ-76"超群"干扰机(U-Pack 干扰机,实际上是用 ALQ-76 的机箱装上老式 ALT-6B 噪声干扰机)。因此,装备这种设备的 EA-6A 飞机在结构上与它所替换的 EF-10B 飞机相比没有多大改动。

1968 年春,真正的 ALQ-76 干扰吊舱终于达到了所有性能指标并很快装备到 EA-6A 上。ALQ-76 吊舱的外形、尺寸与后来出现的 ALQ-99 非常相似。每个 ALQ-76 吊舱中都装有 4 部雷声公司生产的 400 瓦发射机,电源采用冲压空

图 2-21 EA-6A 电子战飞机左侧乘员座位仪表

气涡轮发电机。每架 EA-6A 飞机携带 3 个这样的干扰吊舱,通常情况下包括 10 部 D/E 波段和 2 部 C 波段发射机。干扰机的输出送至高增益方向可调天线,这些天线都安装在吊舱下边的流线型整流罩内,如图 2-22 所示。为了引导干扰机的工作频率,EA-6A 飞机还携带了 1 部 ALQ-86 接收机,其接收天线安装在垂直安定面顶部的锥形整流罩内。EA-6A 飞机的自卫设备包括 1 部 ALQ-49、2 部 ALQ-51 欺骗干扰机、1 部 ALE-18 箔条投放器和 1 部 ALE-32 箔条/红外诱饵弹投放器。

图 2-22 挂载 ALQ-76 干扰吊舱(中)和 ALE-41 箔条布撒吊舱(外)的 EA-6A

装备了新 ALQ-76 干扰吊舱之后,EA-6A 飞机终于能充分发挥其潜力了。EA-6A 电子战飞机与 A-6A 和 F-4B 战斗机组合,组成夜间和全天候攻击小分队,对北越南部的目标实施攻击。

6. 箔条

除了使用上述有源干扰装备,这些电子干扰飞机在这一时期也开始大量使用箔条干扰。箔条的使用在第二次世界大战时即已开始,最初的箔条是在纸上涂覆铝而成,但很快被铝、锡、锌等金属箔条所代替。20世纪50年代的箔条材料都是切割成一定长度和宽度的铝箔片。到了60年代初,金属涂敷的玻璃纤维被成为新的箔条材料,这种材料有很多优点:尽管玻璃纤维很细,但是它的偶极子却比铝箔更坚固,更有弹性;一定体积的容器可装载4倍以上的玻璃纤维偶极子,由于雷达回波的大小与出现的偶极子数量成正比,这就使得这种新材料比铝箔更为有效;另外,由于玻璃纤维偶极子截面是圆的(与此相反,铝箔条偶极子的截面是长方形的),所以,相邻两偶极子之间的接触面积是有限的,这样便可降低"团聚"在一起的风险,如图2-23所示。

图2-23 箔条弹中的干扰丝

　　同期箔条的投放装置也有所发展,包括机电式投放装置(既可用于飞机的自卫干扰,又可用于播撒干扰走廊,掩护后续机群)、气动式投放装置(以压缩空气为动力推动干扰弹,缺点是在投放过程中容易产生阻塞,且维修较复杂)、切割式投放装置(通常以吊舱形式吊装在机外,切割器根据要干扰的雷达频段将箔条丝切割成一定的长度,从投放口投放到气流中)和火箭投放装置(将干扰物封装在火箭里,从飞机发射出去,在特定空域形成干扰云)。直至20世纪60年代初,由于箔条投放装置体积和重量的关系,其应用多限于装备大型飞机。如果小型飞机要装备这些投放装置,只能采用吊舱形式挂装在机外武器挂架上,如图2-24所示。

　　越南战场的需求推动了发展,比如美国海军就在许多飞机上安装了ALE-2这样的箔条布撒器,撒出的一包包箔条会在雷达荧光屏上形成虚假的图像。后来EA-6A上装备了ALE-15箔条布撒器(安装在机尾的设备舱内,箔条投放器包括2个高10厘米、直径35.5厘米的装有楔形干扰箔条包的圆筒,干扰箔条由压缩氮气从投放器发射出去。后来ALE-15又被ALE-29A代替),后期还可挂

图 2-24 装备在无人机上的 ALE-2 箔条投放吊舱

载 ALE-31 或 ALE-41 箔条干扰吊舱。

7. 投掷式干扰设备

在越南战场上,在装备、使用机载干扰机的同时,美国航空兵有时还使用一次性干扰发射机,这种干扰发射机在撞击地面时能自动接通工作,对"扇歌"雷达或超短波通信设备施放干扰。一次性干扰发射机是通过机上无线电遥控的。

(二)美军的自卫干扰

由于远距离支援干扰飞机基于安全考虑必须停留在防空火力圈外一段距离,其干扰的时效性、效果有限,对深入北越纵深执行轰炸任务的战术飞机掩护不足,为此,美国空军和海军不得不转而依赖自卫干扰手段来掩护面临更大威胁的战术飞机。但在越南战争初期,装载于战术飞机上的自卫干扰装备还很不成熟,完全没有经历过实战的考验,其表现也各不相同。

1. 渐入佳境的 ALQ-51

与美国空军的 QRC-160-1 一样,ALQ-51 欺骗式干扰系统在交付美国海军之后也基本被束之高阁,但越南战场上萨姆-2 导弹的现实威胁促使海军开始考虑使用这些吊舱。1965 年 8 月,美国海军开始执行"鞋拔"计划,将 ALQ-51 安装在 A-4"天鹰"飞机上[①]。

安装前,美国海军在梅里马克试验场针对"打火石""扇歌"雷达模拟器进行了飞行试验。为了能够对付边扫描边跟踪雷达,美国海军还对 ALQ-51 进行了改装,针对雷达副瓣而非主瓣采用角度门欺骗干扰,这样能使雷达上显示的目标

---

① 之前已有部分 A-3、A-5 和 A-6 装备,其中 A-6 在 1965 年 7 月随"独立"号航母部署在"扬基站";但这些都属于体积较大的飞机,有充足的安装空间,对 A-4 这样的小型机而言,安装难度很大。

飞机与其真实位置之间出现一段距离,从而将误差信号引入"扇歌"雷达的角度跟踪系统,如图 2-25 所示。飞行试验甚为成功,之后桑德斯联合公司接到了将 ALQ-51 安装到 A-4 飞机上的命令。由于长期未使用,在安装前的检查中发现大多数 ALQ-51 状态不佳,需要维修,在公司维修结束后,这些欺骗式干扰系统被命名为 ALQ-51A。

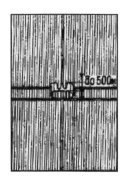 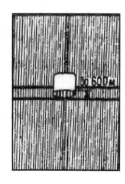 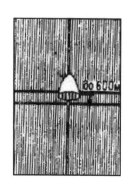

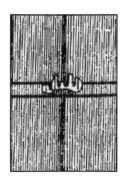 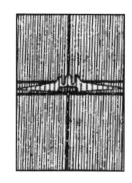

图 2-25 对"扇歌"雷达的应答式角度欺骗干扰

1965 年 9 月 ALQ-51A 开始在越战中应用,并在 9 月 16 日的战斗中成功干扰了 6 枚萨姆-2 导弹。被证明有效后,美国海军的 F-4 和 F-8 飞机也进行了类似改装。

在 ALQ-51A 的使用初期,关于其能否有效掩护飞机不受攻击的话题引起了很大争论。因为根据情报,"扇歌"雷达操作人员在受到欺骗式干扰时,可能转而使用扩展式显示器测定方位和高度,从而使每个 B 型显示器覆盖以目标飞机为中心的 5 千米的空域,这样一来,操作人员还是能够发现目标飞机。美国空军在埃格林基地将扩展式显示器装入先前研制的苏联防空模拟器 SADS-1,用它与装有 ALQ-51A 的 RF-101 进行对抗。在 RF-101 飞行员发出距离选通脉冲时,试验人员发现欺骗脉冲根本覆盖不了目标。于是美军立即发出电文,告诉RF-101部队不要在北越使用ALQ-51A。同时通知海军,美国海军也立刻停止使用ALQ-51A的距离选通脉冲开关。

进一步的研究表明,RF-101飞机上ALQ-51A的问题是由过长的电缆线造成的——雷达信号必须从接收天线经电缆到发射/接收机主机箱,通过机箱内延迟线,再经电缆到发射天线。在RF-101飞机上,信号通过上述系统的时间过长,要花0.3微秒,而"扇歌"雷达发射脉冲的时间是0.4微秒。这样,在覆盖脉冲的前沿到达之前,飞机蒙皮回波信号的很大一部分就已经返回雷达了。因此,坐在"扇歌"雷达扩展式B型显示器前观察飞机的操作人员,能够看到露出的蒙皮回波信号。所有飞机都有延迟问题,不过都没有RF-101这么严重。

尽管存在信号延迟问题,但ALQ-51A对付"扇歌"雷达的角跟踪系统仍然是有效的。机组人员在飞行时,总是习惯性地让欺骗式转发器处在备用状态,直到发现导弹发射连要对其实施攻击。接着,他们就打开转发器,并使欺骗信号进入雷达副瓣,使"扇歌"雷达的自动角跟踪系统来回摆动。假如导弹在那种情况下发射,它们就会收到一连串的调整信号和再调整信号,这些信号会使导弹错过目标或在飞行途中就耗尽能量。

如果"扇歌"雷达操作人员转为手工操作,试图在经过扩展的B型显示器上跟踪飞机的蒙皮回波,那就会使导弹系统的反应时间大大增加。目标飞机用很小的转弯动作并降低高度,通常足以甩掉导弹。如果还不行,飞行员可扔掉外挂物,并突然快速地实施机动,一般都会奏效。

虽然ALQ-51A最初存在可靠性不好的问题,但终究发挥了作用。后期的统计表明,飞机携载正常工作的ALQ-51A时,损失率为北越每发射50枚导弹损失1架飞机,相比之下,如果不安装或该设备工作失常,则损失率升至每发射10枚导弹损失1架飞机。最为经典的战例出现在1966年10月30日,VA-196中队的1架A-6A攻击机在夜间攻击河内铁路货场时,依靠ALQ-51A躲避了16枚萨姆-2导弹的攻击,并成功对目标投放了多颗MK82炸弹。最终,美国海军对待干扰系统的明智态度使其在整个越南战争期间飞机损失率较空军要低。

2. 命运跌宕的QRC-160-1

1)前期受挫

前文提到,通用电气公司生产的QRC-160-1干扰吊舱已经列装但并未引起空军的重视。考虑到可能的威胁,1965年4月,美国空军将一小批QRC-160-1吊舱运抵南越并于6月安装在RF-101飞机上,但却没有人思考如何使用,尤其美国战术空军司令部拒不考虑将电子战作为解决问题的途径①。

因无人重视、缺乏维护,这些QRC-160-1吊舱状态普遍不佳。为了试验吊舱的作战能力,美国空军安排3架加装吊舱的RF-101各跟随1架未挂吊舱负责照相的RF-101飞机飞行,并用吊舱干扰北越高炮炮瞄雷达,因战术上的缺陷,照相侦察飞机遭遇的高炮火力与之前没有什么变化。为再次验证QRC-160-1是否有效,美国空军又使用1架挂载吊舱的RF-101对美军自身部署在南越的监视雷达实施干扰。结果两次试验均不理想,第一次因为在地面没有更换故障部件,导致吊舱未能发射出干扰功率;第二次则是飞机在坑洼不平的水泥路面滑行时震掉了几个电容和电阻,最终仍未能形成干扰。QRC-160-1实战及试验的失败使得越南战场上的美国空军作战部队对干扰吊舱十分反感,根本不愿考虑用它来对付萨姆-2导弹,于是空军将这些吊舱送回了美国本土。这样,美军失去了一种对抗萨姆-2导弹的重要手段。后来,美国空军为这个草率的举动付出了沉重的代价。

2) 研讨会碰壁

前期试验的失败预示着QRC-160-1可能将永无出头之日,而1965年9月召开的"萨姆-2对抗措施研讨会"的情况似乎再次证明了这一点。在为有效形成合力而召开的会议上,各军种、公司介绍了他们研发用来对付萨姆-2导弹或限制其效能的装备,包括"百舌鸟"反辐射导弹、ALQ-51系统、"引向标"和IR-133接收机等。会上对使用如QRC-160-1在内的噪声干扰系统对付萨姆-2导弹的问题也进行了一番讨论,但大多数人觉得这种"老"方法对边扫描边跟踪体制的"扇歌"雷达不一定有效。因为如果遇到噪声干扰,"扇歌"雷达操作员只要引导导弹沿着狭窄的干扰选通脉冲飞行,在导弹到达其杀伤范围时,近炸引信引爆弹头,就可将飞机摧毁②。即使噪声干扰能有效地阻止"扇歌"雷达操作员探测到飞机,也很难保证飞机不被击落。

但埃格林基地电子战试验处项目文职管理员英基·豪根对这个问题有自己的研究和看法。他在1955年作为一名前国防部需求局少校研究应对边扫描边跟踪体制制导雷达的干扰问题时,就设想过用4架轰炸机编队的方法,每架飞机

---

① 实际上在1965年年初,美国国防部进行了两项旨在降低飞机损失的研究,第一项是"尖嘴钳",第二项是"诚实彗星",意在寻求有助于降低飞机损失的战术电子战系统。

② 将雷达比喻成一个拿着手电筒在黑夜中搜索目标的人,手电筒是发射机,跟随手电筒光束转动的人眼是接收机。当光束照射到目标时,其反射光为人眼所接收,从而得知目标方位和距离。假如目标持有一个强光源(相当于噪声干扰吊舱),在手电筒光束照射到自身时开启强光,则人眼会被照花,难以判断目标的位置,但根据强光的来源方向依然可以大致确定目标方位。如果搜索者沿着该方向前行,虽然不知道目标的距离,但只要一直走下去,最终会撞上目标。

都占据一个相邻的雷达分辨单元。对付像"约-约"（或者"扇歌"）这样的 E 波段雷达,要求飞机的水平、垂直间距均为 550 米。如果 4 架飞机都对雷达发射噪声干扰信号,分别坐在方位显示器或高度显示器前的操作人员,每人就都会看到 4 个距离很近而又相互交叠的干扰脉冲。尽管单凭一架飞机发送的噪声干扰信号不能压制这种边扫描边跟踪雷达,但在彼此间距经过精心安排的编队中飞行的 4 架飞机能做到。干扰会在攻击机编队周围制造一块不确定空域,其范围有大约 4 千米^3。如果向飞机编队发射携带高爆弹头的导弹,那么它们击中一架飞机的概率会很小。

英基·豪根将这个想法提了出来,但在研讨会上却几乎无人理睬,其他人也没有表现出什么兴趣。

3) 试验正名

原以为此事会就此作罢,但却很快出现了转机,研讨会后,埃格林空军基地接到进行干扰飞机编队战术评估的命令,计划代号是"问题儿童"（Problem Child）。

由于越南战场空中作战形势的不断恶化,"问题儿童"计划成为基地最优先的任务。干扰吊舱运到埃格林基地后,美军逐个进行了仔细检查和调试,确保它们状态良好,然后为 4 架 F-105 各安装了 2 个吊舱,如图 2-26 所示。为实施"问题儿童"计划,美军动用了埃格林基地的大多数精确跟踪雷达和仪表设备。在实施每一轮干扰行动前后,都要重新校验仪表,以确保结果的可靠性。

图 2-26　F-105 挂载 QRC-160-1 干扰吊舱

1965 年 10 月,装有干扰吊舱的飞机编队进行了第一次仪表飞行试验。试验表明:除非让飞机机身侧面对着雷达,否则吊舱会在各个方向、几乎所有距离上对飞机形成遮蔽。虽然在短时间内会有一个"烧穿"现象,可以透过干扰看到飞机,但"烧穿"时间只够萨姆-2导弹阵地发射1枚导弹,却无法引导导弹击中目标。

试验开始后不久,美军根据相关数据对QRC-160-1进行了改装,按照"扇歌"雷达16赫兹扫描频率的倍数对干扰噪声的幅度进行调制,并确定为其6次或8次谐波(即96赫兹或128赫兹)。由于干扰强度随雷达扫描方向图变化,经过改装的设备在雷达方位和高度显示器上产生的干扰脉冲几乎静止不动,这样一来,可进一步增加雷达操作员分辨各架飞机的难度。改装获得成功后,装有新调制器的QRC-160-1被命名为QRC-160-1A。

多次试验表明,要全面降低萨姆-2导弹系统的效能,就必须同时出动4架飞机,让它们占据恰当的位置,每架飞机至少携带1个能正常工作的干扰吊舱。如果只有3架干扰飞机,干扰效果就会降低;如果只有2架,干扰效果会更低;如果只剩下1架飞机实施干扰,那它从导弹攻击中生存下来的概率就会变得很小,但又比没有干扰要好些。

最后,当"问题儿童"全部试验计划于1966年2月完成后,试验人员于4月底拿出了详细报告,并在5月进行了分发。

4)实战扬威

在读完"问题儿童"试验报告后,欣喜不已的五角大楼电子战参谋们便极力呼吁在北越进行干扰飞机编队作战试验,但这种建议却遇到了难以逾越的障碍。由于对电子战不太了解及其他一些原因,在越南战区反对使用电子战系统和战术的思想倾向根深蒂固,前线作战部队断然拒绝再次使用干扰吊舱。

形势比人强,严酷的现实——飞机高得可怕的损失率逐渐统一了人们的思想,使人们愿意进行任何可能降低飞机损失率的试验。最后,第7航空队司令官威廉·莫迈耶中将对恢复使用干扰吊舱的提议表示支持。

1966年9月26日到10月8日,驻色软基地的战斗机联队奉命执行一系列的干扰吊舱飞机编队试验任务,1个由4架F-105飞机组成的小队按干扰吊舱编队飞行,如图2-27所示,每架飞机携带2个干扰吊舱,伴随攻击机编队执行了19次任务。首次任务按"1号航线计划"飞向目标,即北越南部一个防护相对薄弱的地区,并对该地区的"火罐"和"扇歌"雷达实施了干扰。

结果,保持专门队形、携带干扰吊舱、稍稍先于其他战斗机开始爬升的F-105飞机,虽然在开始俯冲攻击前要在空中暴露较长的时间,但在整个攻

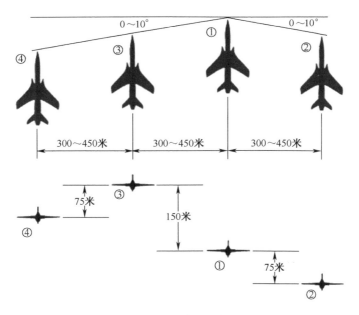

图 2-27　干扰吊舱编队飞行位置示意

击小队招来的导弹中,没有 1 枚是冲着实施干扰的 F-105 飞机发射的①。此后,携带吊舱的 F-105 伴随攻击部队对防守更严密的目标实施攻击时,需要在导弹防空区 3000 米以上高空停留更长时间,同之前一样,它们依然没有受到导弹攻击。

这次试验后,美国太平洋空军对电子战,尤其对干扰吊舱的态度发生了 180°的大逆转。与先前不以为然的心态形成鲜明对比的是,被派去攻击危险目标的飞行员们如今都要求在其飞机上安装干扰吊舱,大家都对干扰吊舱变得"十分热心"。为了满足前线部队的需求,另一批干扰吊舱紧急运到色软基地,通用电气公司也派出了一支工程师队伍对吊舱进行维修。与此同时,所有未使用过的 QRC-160-1 吊舱都被送回生产工厂,接受改装和整修。

其他得知此事的飞行联队,如驻在泰国呵叻基地也装备有 F-105 飞机的第 388 联队在听到有关消息后,也要求安装干扰吊舱,这导致 QRC-160-1 吊舱数量严重不足。早期的干扰吊舱都是临时赶制的,一度有 60%都无法正常工作,色软基地的电子技术小组不得不对 F-105 飞机的电子设备进行维修,由于吊舱稀缺,美军不得不出动 1 架 C-47 往返于各个基地间为 F-105 飞机收集吊舱。美军甚至收集、修理和利用被击落飞机挂载的吊舱。如 1966 年 11 月 22 日,1 架

---

① 实施干扰的另一个好处是会使雷达控制的高射炮受到压制。

F-105D飞机在爬升脱离目标时因被高射炮击中而发动机失效，飞行员挣扎着将飞机飞到泰国边境然后跳伞，当时飞机上挂载了2个QRC-160-1吊舱，美军搜救队找到吊舱残骸并将其修复一新，使其重新具备使用能力。

好的效果刺激了需求。到了1966年11月底，所有进入萨姆-2导弹防空区的F-105飞机已全部装上了雷达告警接收机和干扰吊舱。

1967年年初，美国太平洋空军司令部对1966年9月到12月使用的QRC-160-1A的效能进行了研究。研究报告指出，在11月和12月两个月里，携带干扰吊舱飞行"6号计划航线"（包括河内和海防的防守最严密的地区）的F-105飞机，其损失架数还不到未使用吊舱前在同一地区飞机损失架数的1/3，飞机必须实施机动以规避来袭导弹的情况也大为减少。从7月到9月，约有50%的F-105飞机在执行作战任务时被迫采取这样的机动，而10月到12月间，该比例下降到不足10%。按照保守估计得出的一个合理结论是：推迟采用新战术至少使美国空军多损失了40架F-105飞机，使大约30名飞行员阵亡或被俘——这些人为太平洋空军对电子战系统根深蒂固的偏见付出了沉重的代价。

5) 后续发展

QRC-160-1吊舱的成功促进了美国空军对QRC-160系列及其后续吊舱的发展。1967年秋，根据萨姆-2"扇歌"雷达安装有信标接收机，用来接收"导线"导弹应答器信标发出的回答信号，其带宽只有20兆赫，而且所有信标接收机都工作于同一频段的情报。美军开始考虑对这个信标信道实施干扰。

如果能够干扰，毫无疑问一定会降低因地空导弹攻击而造成的损失。即使是离开干扰编队保护的1架飞机单独飞越导弹防御空域，也能得到相应的保护。但是，干扰下行链路在技术上十分困难，对付这样的单向无线传输需要有非常大的干扰功率密度（以每兆赫若干瓦计），这比干扰雷达回波信号所需要的干扰功率密度大得多。但有利的方面是，在最后的干扰阶段，飞机和导弹所处的相对几何位置对干扰机有利——导弹越靠近目标飞机，它就离"扇歌"雷达信标接收机越远，干扰就会越有效。此外，导弹在攻击一架飞机时，同一区域中其他飞机对信标频率的干扰将产生累积效应，也会大大增强其干扰效果。而且同时干扰"扇歌"雷达和导弹信标系统，压制的效率会大大提高。

于是自1967年12月中旬开始，大部分战斗攻击机都携带了两个干扰吊舱，1个是用于干扰"扇歌"雷达和高炮炮瞄雷达的ALQ-71，另一个叫作"专用吊舱"，用于干扰"导线"导弹的信标信道，后被定型为ALQ-87[①]，如图2-28所示。

---

① 由于干扰频段较宽，ALQ-87也能够设置为对"扇歌"雷达实施干扰。

图 2-28　ALQ-87 干扰吊舱

经过发展的 QRC-160 系列吊舱如图 2-29 所示。其中,QRC-160-1 可干扰过去的 S 波段(现在是 D/E 波段);QRC-160-2 可干扰过去的 X 波段(现在的 I 波段);QRC-160-4 可干扰目标指示雷达;QRC-160-8 的功能更强,可覆盖 S 和 C 波段(现在的 D~G 波段)。同时,美军将 QRC-160 的派生型设备纳入正规的采办程序。QRC-160-1 改为 ALQ-71,QRC-160-2 改为 ALQ-72(图 2-30),而 QRC-160-8 则改为 ALQ-87,放弃了 QRC-160-4。

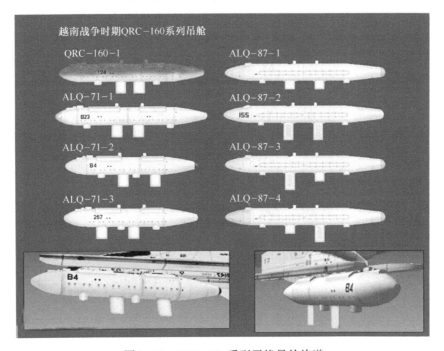

图 2-29　QRC-160 系列干扰吊舱族谱

新手段的投入使用收到了立竿见影的效果。1967 年 12 月 14 日,在河内上空的空袭战斗中,几乎越军发射的每一枚导弹都在离开发射架后不久就失控坠毁了;12 月 15 日,越军最精锐的第 236 团连续发射 8 枚导弹,除 1 枚外其他全部坠毁;另

图 2-30　装备 ALQ-72 干扰吊舱的 F-105D 飞机

一个团连续发射 29 枚导弹,11 枚当场失控。如图 2-31 所示,图中 A 和 B 为萨姆-2 导弹,C 为萨姆-2 导弹阵地,A 导弹正按正常航线飞行,而 B 导弹受扰失控坠向一个村落,其尾烟依然清晰可见。美军飞机被导弹击落的战损率明显降低,在 1967 年一年里,每发射 50 枚导弹就能击落 1 架飞机,而自 1967 年 12 月 14 日至 1968 年 3 月 31 日这 4 个月时间里,北越共发射 495 枚导弹,只击落了 3 架飞机,且其中 1 架还是没有安装信标专用干扰吊舱的 F-105F "野鼬鼠" 飞机。也就是说,到这一阶段后期,每发射 247 枚导弹才能击落 1 架使用信标干扰吊舱的飞机。

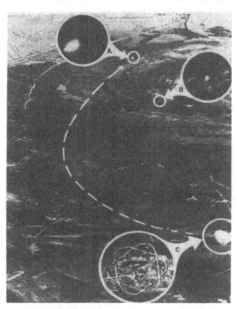

图 2-31　受扰坠毁的萨姆-2 导弹

由于较好的实战效果,160 系列干扰吊舱除了运用于战术飞机,还在保护其他大型飞机上发挥了作用。

考虑到有 1 架 EB-66C 飞机曾被萨姆-2 导弹击落,为应对威胁,美军后期在EB-66E飞机上也装备了ALQ-71干扰吊舱用于自卫,如图2-32所示。但干扰吊舱的保护作用也并非完美,1972年4月2日①,还是有1架EB-66E飞机被北越南下的萨姆-2导弹部队击落。

图2-32　EB-66E翼下挂载ALQ-71干扰吊舱

3. 不断发展的箔条自卫干扰

箔条等无源干扰手段也很快被用于对"扇歌"雷达实施自卫干扰,最初缺乏合适的投放装置,飞行员就将箔条打包,放在飞机减速板的凹槽中,这样,只要飞行员轻轻一拍就能打开这些减速板,将箔条投放出去,但这种方法在1个飞行架次中只能使用1次,其效率很成问题。

当雷达控制的高射炮和导弹系统数量更多、工作更有效时,战术飞机对箔条投放装置的需求就更为迫切了。为提高任务成功率,这些投放装置不能占用武器的位置;此外,战术飞机更快的飞行速度需要更强有力的箔条喷射能力,否则这些散开速度较慢的偶极子会在飞机后面较远处才布撒开来,起不到中断雷达锁定的作用。

强力喷射箔条的研究始于20世纪50年代末,较实用的方法是采用装满箔条的弹筒,再装上发射用的雷管和火药,点燃后用于喷射箔条。最初的试验性战术箔条弹筒系统是排成一线的10管投放装置,其炮管尺寸与改进的信号枪相同,效果不错。再后来,投放装置中的弹筒数量不断增加,这意味着有更多箔条弹能够被使用,最终增加到24管,分4排,每排6管。箔条及箔条弹的形状如图2-33所示。

越南战场的需求出现后,嘉在公司在24管系统的基础上,提出了1种新系

---

① 也有资料记载是1972年3月21日。

图 2-33　箔条和箔条弹

统设计方案,即使用 30 管,分成 6 排,每排 5 管,如图 2-34 所示。经过很小的改动后,新系统成为后来的 ALE-29 投放装置,使用的是直径为 37 毫米的圆截面炮管。ALE-29 投放器被安装在海军的战斗机上,每架飞机安装两组,接驳在战斗机的铝制龙骨上。后来,这种类型的装备成为作战飞机对抗地空导弹的标配。

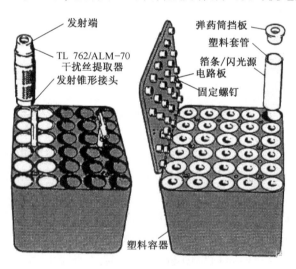

图 2-34　干扰弹投放器结构示意图

(三)北越的反干扰

面对美军的干扰,在苏联的支持下,北越地空导弹部队也有针对性地采取了反干扰的措施。

为应对美军对空情雷达网的干扰,北越合理部署雷达站并配置多个不同层级的指挥所,包括中心指挥所与多个辅助指挥所。其中,中心指挥所与各个方向上的辅助指挥所密切协同配合,当中心指挥所或某个方向受到干扰时,则由其他辅助指挥所代替工作。采取多方向、多层次配置的雷达站亦是如此,在部分雷达站遭受干扰时其他雷达站能够接替完成警戒任务。

另外,北越还采取多种手段来驱逐、扰乱远距离支援干扰飞机的干扰行动,间接支持了反干扰作战。当时美军几乎每天出动的攻击机都编成标准队形,并在飞行途中由KC-135加油机进行空中加油,在标准突击编队中,不同机种在不同的地点与各自的加油机会合,载弹的F-105飞机的空中加油高度低于重量较轻、速度较快的F-4"鬼怪"式护航飞机的加油高度。北越对这种编队进行了仔细分析,通过在雷达荧光屏上观察飞机不同的位置及其运动,推断出飞机的型别和任务,再对雷达获取的情报进行分析后,引导米格截击机飞向他们判断的载弹飞机或其他飞机,特别是降低他们雷达效能的EB-66C或"野鼬鼠"飞机,以进行有针对性的打击或驱逐,减轻干扰的影响。

相对而言,对北越萨姆-2"扇歌"雷达干扰威胁最大的是机载自卫干扰系统。为应对这些自卫干扰,1966年10月,苏联派遣一个由防空军司令P.F.Batitskiy将军带队的高级专家组前往越南,考察防空作战效果并研究如何对萨姆-2导弹系统进行升级,以应付美国强大的电子战优势,如图2-35所示。驻越苏联专家对萨姆-2进行了很多现场改装,包括对"导线"导弹的无线电信标进行改装,使它能识别QRC-160-8发射的虚假指令;为"扇歌"制导雷达的水平扫描天线上增加一个"鸟笼"天线,这样雷达的高低技师和方向技师就能在强电磁干扰条件下手动跟踪并对导弹进行制导。上述改进使萨姆-2导弹系统的反干扰能力大为提高,但也使得整个系统越来越依赖手动操作。

图2-35 在越南第238导弹团的苏联专家

在干扰无法消除的情况下,北越还使用了"干扰三点法"的操作方式。在美军实施噪声干扰时,"扇歌"雷达引导车的高低角和方位角显示屏上出现由干扰造成的竖状雪花光带(噪声干扰包括阻塞式、瞄准式和扫描式三种类型,各种噪声干扰的工作方式、辐射方式、辐射时间长短、频带宽窄、重复频率各不相同,当地面制导雷达波束扫描周期与干扰脉冲重复周期不同,或与干扰辐射时间不同时,显示器上就会出现向不同方向移动的亮点、亮线或亮带;再加噪声受各种形式调制,显示器上就会出现各种移动的、明暗不一的干扰带或干扰线,呈现出竖状雪花光带的样子),越军很快发现"扇歌"的高低角和方位角天线对干扰源的跟踪精度很高,只要将高低角和方位角瞄准线压在竖状雪花光带中央,跟踪精度足以引导导弹攻击目标。于是萨姆-2导弹无发射源被动跟踪攻击战法诞生:开机引诱美军战机施放干扰后,关掉高压但不关天线;制导模式定为"三点法",把高低角和方位角瞄准线压在美军战机干扰源竖状雪花光带中央;根据标图员报来的目标距离或P-12目标指示雷达报来的目标距离用手轮手动跟踪距离,然后发射导弹攻击目标。这一战法也被迅速推广到北越所有萨姆-2导弹部队,成为一个经典战术。1967年8月12日越军第236导弹团率先尝试在强干扰条件下自动跟踪无法进行时,采用人工"干扰三点法"跟踪美国战机,并取得了首例击落战果。

北越导弹部队在反干扰中特别注重操作员的作用,不断提升"扇歌"雷达操作员的训练水平和抗干扰操作能力。连美军都不得不感叹:唯一最有效的电子反干扰措施是训练有素的操作员。北越的雷达操作员在数年中每周都能看到2~3次美军实施的干扰,他们制定了自己的反干扰措施,并充分利用了导弹系统的能力。

北越导弹部队还想方设法破坏美军战机的干扰编队——如美军战机要得到好的掩护效果,对挂载吊舱的战斗机编队队形有严格要求,一旦队形打乱,吊舱就无法提供足够的覆盖面积——即使每架战斗机携带两个吊舱,也不可能各个方向都保护到,遭到损伤的机会将大大增加。为此,北越地空导弹部队往往先对美军战机编队发射拦阻弹幕,一旦编队散开,就能以更多的瞄准射击来攻击单架飞机。有时,当美军战机没有保持队形时,北越萨姆-2导弹部队通常先发射1枚作为佯动的导弹,诱使美军战机转弯,飞向一个他们可以迅速连续发射3~4枚地空导弹的地区,以增大杀伤概率。

同时,北越在地空导弹的使用上,也特别注重与战斗机和高炮的密切协同,如图2-36所示。北越的米格飞机通常在河内周围48~64千米的圆周上活动,在距目标区96~112千米的地方截击美军战机。美军战机突破米格飞机防御后,通常会遭遇猛烈高射炮火的瞄准射击或拦阻弹幕。无论采取何种射击方式,在目标上空以及美军战机最可能进入和退出的航线沿线,高炮总是与地空导弹保持协同,使地面火力达到最大强度。例如在杜梅大桥之类重要目标的周围,总是高炮首先开火,在美军飞机进入俯冲攻击后,其电子干扰覆盖范围暂时有所缩减,从而为地空导弹提供了击落飞机的好机会。

图 2-36　北越萨姆-2 导弹与高炮密切协同

二、停火期间的干扰与反干扰

在从 1968 年 3 月 31 日到 1972 年 5 月的停火期间,对萨姆-2 导弹的干扰主要用于掩护一些特殊飞机和行动,因此,干扰与反干扰的斗争处在一个相对较低的强度。

(一) 对特殊飞机的掩护

1. 对 SR-71 的掩护

自停止轰炸以来,美国派遣到北越上空的只有侦察机及护航飞机。侦察机主要为 A-12 "牛车"的双座后续机型 SR-71 "黑鸟"。SR-71 装备有 1 部 AR1700 雷达记录装置以及 7 套自卫电子干扰机(从 A 排列至 G)。在 1968 年 3 月 21 日执行的第一次任务中,976 号①飞机(图 2-37)上的雷达告警接收机显示,在穿越海岸线的那一刻就被萨姆-2 导弹阵地上的"扇歌"雷达锁定,飞行员开启电子干扰使雷达失锁。到了 7 月 26 日,974 号机前往北越执行任务时也遭

---

① 原先计划执行任务的是 974 号机,但起飞前在检查电子战系统的内置测试清单时,侦察领航员发现其中一个系统失效,在多次循环开启,寄希望于问题能够得到解决但没有奏效后,由于所剩时间不多,不得不在 10∶08 由 976 号机取代 974 号机完成任务。

到萨姆-2导弹攻击,地形任务照相机拍摄到了萨姆-2导弹攻击的照片(图2-38)。在第一次穿越北越领空的过程中,1部"扇歌"雷达锁定了飞机,同时北越发射了导弹,但SR-71的自卫电子战系统发挥了作用,这枚导弹在飞机后方落下,靠得最近时距离只有1600米。

图2-37　飞行在东南亚上空的976号SR-71飞机

图2-38　SR-71照相机拍摄的萨姆-2导弹攻击的照片

为了对付SR-71的速度和干扰,北越萨姆-2导弹部队首次采取了"齐射"战术,即位于SR-71航线上的多个萨姆-2导弹阵地同时发射多枚导弹,设置为不同提前量进行拦截,由于参与攻击的"扇歌"雷达数量较多,期望能够分散SR-71的自卫干扰资源,伺机创造战果,但这种方式没能取得成功。

2. 对无人机的掩护

除了 SR-71,以瑞安公司 AMQ-34L"萤火虫"①为代表的无人机为美军提供了另外一种侦察手段。"萤火虫"无人机比 SR-71 飞得低、慢得多。由于这些无人机太小,难以携带自卫干扰系统,它们的生存能力在很大程度上依赖 EB-66C 的远距离干扰支援。

一般情况下,由 DC-130 母机发射无人机(图 2-39 和图 2-40),并将发射时间告知 EB-66C。若北越地空导弹威胁到无人机,EB-66C 就将多部 ALT-6B 馈入方向可控天线来干扰它们。如果计划安排得好,干扰通常都很有效,每执行 15~20 次任务才会损失 1 架无人机,且只有当无人机失去 DC-130 母机的无线电控制而偏离了航线时,才会被击落。

图 2-39　DC-130 执行空射"萤火虫"无人机任务

图 2-40　某架绰号为"雄猫"的 AMQ-34L 无人机

再后期,为进一步提高无人机的生存能力,美军又在无人机上加装了电子战设备以应付萨姆-2 导弹的威胁,如图 2-41 所示。

---

① 起源于瑞安公司的"萤火虫",是"火蜂"无人机的改进型。

图 2-41　增加了电子战设备的 AMQ-34N

3. 对 EC-121R 的掩护

1968 年，根据"白色小屋"计划，美国陆军和空军的飞机在北越部队运送补给或其车辆活动的区域内，投放了成百上千个音响、震动或其他类型的传感器。这种长期工作的传感器的主要目标是探测穿越老挝、柬埔寨的"胡志明小道"的活动情况。这些传感器落在地面上，自身埋入地下，只有折叠式天线暴露在外，由它们将部队或车队经过时产生的声音或地面震动产生的信号发送出去。监听这些传感器发出信号的是 EC-121R 型"蝙蝠猫"飞机，如图 2-42 所示，每架飞机后机舱配备 8 个侦听席位。当检测到敌方活动的信号时，便将这些信息通过数据链路发送到泰国那空帕侬空军基地的"白色小屋"地面站，然后，由该地面站引导攻击机进入攻击位置。

图 2-42　1969 年涂有东南亚迷彩投入越战的 EC-121R

由于"蝙蝠猫"飞机的航线比任何其他型号的 EC-121 飞机更靠近危险区域，这使得它们更易遭受导弹或战斗机的攻击。为了保护这些飞机，美军为其配备了电子战设备，并通常由 1 位来自 B-52 飞机上的电子战军官来操作。EC-121R 飞机上的电子战设备与 B-52 飞机上的差不多，其中 APR-25、ALR-20 接收机和ALT-28、ALT-32等干扰机完全相同。通常情况下,操作员捕捉到北越地空导弹和警戒雷达发出的信号后,便会立刻打开干扰机实施干扰。

4. 对AC-130的掩护

为了打击在黑暗中沿"胡志明小道"行驶的北越运输车辆,多架AC-130"幽灵"武装运输机飞抵战区,实践证明,用AC-130来攻击夜间独立行驶的运输车辆非常有效。为对付这种攻击,北越将萨姆-2导弹部署到了老挝,以保护"胡志明小道"的部分路段。

1971年3月,1架AC-130遭到萨姆-2导弹攻击,在3月份共被攻击2次,4月份被攻击2次以上,虽未造成损失,但凸显了AC-130面临的威胁。为此,美军开始给AC-130安装自卫电子干扰系统,包括4个ALQ-87干扰吊舱,每个机翼下方各挂2个,如图2-43所示,同时还装备了LAU-74箔条/红外诱饵弹投放器,后来又加装了Trim-7A电子干扰机。

图2-43 装备4个ALQ-87干扰吊舱的AC-130

对AC-130的有效掩护一直持续到1972年3月底北越正规部队开始全面进攻南越,并将其萨姆-2防空部队带到南方为止。3月29日,在老挝上空首架AC-130被萨姆-2导弹击落。

(二)干扰设备的发展

1. 有源干扰系统

1968年4月,第一种既能辐射噪声干扰又能辐射欺骗式干扰的吊舱式系统QRC-335开始装备部队,该系统采用行波管提供干扰功率。其原型吊舱的工作频段为2.6~5.2吉赫,天线指向前方和后方。

到了1970年,QRC-335[①]的定型型号ALQ-101正式投入使用,如图2-44

---

① QRC-355/ALQ-101到1970年有了第四代改型。新的ALQ-101改型称为QRC-355A(V)-3/ALQ-101(V)3,频率范围与ALQ-101A相同,但功率输出增大,QRC-355A(V)-4/ALQ-101(V)4比(V)3多出X波段,ALQ-101(V)6则进一步扩展了频率覆盖范围。

所示,第一种生产型 ALQ-101(V)4 的工作频段覆盖 2~20 吉赫,最后生产的派生型为 ALQ-101(V)8,其特点是加长了吊舱舱体,并在下面开了一条槽,以便安装增加的部件。

图 2-44　QRC-335 的后续生产型号 ALQ-101 吊舱

同期,为了给 F-105F"野鼬鼠"飞机提供保护,但又不占用以前的武器控载位置,在 ALQ-101 的基础上做了重要改进,将 ALQ-101 吊舱的舱体在纵向上分成了两半,内部结构进行重新安排,分别将这两半以流线型整流罩的形式安装在了 F-105 飞机机身的两侧,并将这种干扰系统命名为 ALQ-105,如图 2-45 所示。

图 2-45　机腹鼓包容纳了 ALQ-105 干扰机的 F-105"野鼬鼠Ⅲ"

对原有干扰设备的改进也在不断进行,美国空军的 ALQ-71 被改进为 ALQ-71(V)-3;ALQ-87 在 1968 年末将频率展宽到 X 波段,之后又在 1969 年扩展到 Ku 波段。

美国海军也将 ALQ-51 回答式脉冲干扰机改为宽频带回答式干扰机 ALQ-

100,扩大了干扰频率的覆盖范围。这些干扰系统装备在美国海军的 A-7A"海盗"攻击机(图 2-46)和 F-4J"鬼怪"战斗机上。ALQ-100 兼有早期的 ALQ-49(G/H 波段)和 ALQ-51A(D/F 波段)两种干扰机的能力,但体积仍为 2.3 英尺^3,只相当于其中的一部。

图 2-46　安装有 ALQ-100 干扰系统的 A-7A

2. 无源干扰设备

到了停火期间,MB 联合公司生产的 ALE-38 大容量箔条投放器开始装备部队,如图 2-47 所示。

图 2-47　AQM-34 无人机安装了 ALE-38 箔条投放器(黑色吊舱)

ALE-38 可以连续式或间歇式布撒方法投放箔条,与早先使用的箔条炸弹相比有了很大改进。在 F-4 战斗机机翼下可挂装 2 个投放器,每个投放器装有 300 磅偶极子(1 磅=453.6 克),分两层放置,隔层为塑料薄膜,8 架飞机能够布撒长达 105 英里连续不断的箔条走廊。箔条干扰"扇歌"雷达的效果如图 2-48 所示。

(三)萨姆-2 导弹系统的反干扰改进

随着越南战争中美军针对"扇歌"雷达电子战的日益升级,在苏联的帮助

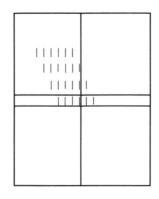 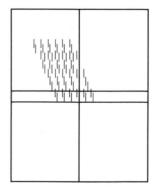

图 2-48　间断(左)和连续(右)投放箔条干扰时"扇歌"雷达显示器图像

下,北越也对其装备的萨姆-2导弹系统进行了一系列的改进。

1. 改进原有警戒雷达

越军在苏联的帮助下,进一步提高了"匙架"雷达的性能。如采取了1968年改进的P-12MP雷达,不仅具备在10兆赫频带内跳频的能力,还降低了雷达副瓣,提升了雷达可靠性。1970年后根据越南战场形势的变化,P-12MP又增加了一个过滤设备,提高了抗反辐射攻击的能力。上述改进后,P-12雷达的旁瓣降低到只有主瓣的4%,雷达指向性更好,还可在4个预设频率间跳变,便于选择受干扰较小的频率工作。

2. 增配测距雷达

由于萨姆-2导弹系统雷达经常遭到美军干扰,发现目标困难,不得不常在难以获知目标具体位置参数的情况下与美军战机交战。为提高作战效率,越军为萨姆-2导弹作战单元增配了雷达。除了补充"刀架"雷达和"边网"测高雷达外,还特别增配了PΠ-75测距雷达,如图2-49所示。

使用上,"扇歌"雷达与PΠ-75测距雷达保持一定距离,相互确定位置坐标,两者之间有电缆连接,"扇歌"雷达控制PΠ-75测距雷达持续对准目标,而PΠ-75测距雷达则向"扇歌"雷达回传测距参数供火控计算。

这样,当美军采取干扰掩护空袭时,"扇歌"雷达可静默跟踪目标干扰信号的方位和俯仰信息,测距分队则补充目标距离数据,从而形成完整的目标运动要素(图2-50),使萨姆-2导弹的隐蔽性和反干扰能力大大增强,也让美军攻击机群防不胜防。有时,越军会利用诱饵模拟"扇歌"制导雷达信号,迫使美国战机打开干扰机并一直工作,使得"扇歌"雷达不用开机就能直接利用空袭飞机的干扰信号实施精确跟踪,让美军战机落入导弹"静默作战"圈套。

图 2-49　PΠ-75"Amazonka"测距雷达

图 2-50　PΠ-75 测距雷达与萨姆-2 导弹系统配合使用示意

3. 改进导弹信标系统

初期美军采用干扰导弹信标的方法取得了很大成功,但 1968 年 2 月 14 日,北越第 236 防空导弹团下辖第 61 防空营击落了 1 架携带 QRC-160-8 干扰吊舱的 F-105 战斗机,如图 2-51 所示,关于信标干扰的秘密终被揭开。随后,苏联专家改进了萨姆-2 导弹的 FR-15 型无线电信号应答器(图 2-52),增强了信标系统的抗干扰能力,还增加了一个特别的向导弹发出指令的通道,防止被美军截取或中断发射指令,这大大削弱了美军的干扰效果。同时,提高了导弹应答频率和功率,增设导弹支路角度选择和速度选择,以抗导弹支路干扰。

图 2-51　北越人员正在检查 F-105D 的残骸

图 2-52　鸭翼后的条状天线为 FR-15 无线电信号应答器天线

不仅萨姆-2 导弹系统做了改进,支持萨姆-2 导弹作战的预警雷达网也得到了发展。北越针对预警雷达频繁遭受美军干扰的情况,在部署上合理配置指挥所与雷达站。除了设中心指挥所,在各个方向设辅助指挥所,当中心指挥所或某个方向受到干扰时,则由其他辅助指挥所代替工作。雷达站也采取多方向、多层次的配置,并与观察哨的对空警戒相结合。当正面雷达受到干扰时,则由目标航线两侧或侧后的雷达继续监视,这样在干扰情况下仍然能不断准确地掌握情况,支援防空作战。

4. 在"扇歌"雷达上加装光学装置

如之前部分所述,加装光学装置后的"扇歌 F"系统具有高超的电子光学制导能力,即使在遭到强烈雷达干扰的情况下,操作员也照样能顺利发射萨姆-2 导弹。如果开机的"扇歌"遭受美国战机强烈干扰或发射"百舌鸟"导弹攻击,则在雷达关闭辐射后,可以利用光学跟踪系统继续制导导弹并完成交战。这种电子光学装置可使萨姆-2导弹攻击1000米以下的目标,而老式的雷达在这一高度往往会因受到雷达杂波干扰而无法工作,随着新式"扇歌F"雷达的使用,美国飞行员再一次在战术上处于劣势。

三、"后卫"作战中的干扰与反干扰

(一)"后卫Ⅰ"行动中的干扰与反干扰

1972年3月底,北越正规部队向南越发起了全面进攻,为延缓北越推进速度,美军从1972年4月2日开始执行空袭北越的行动,代号"自由列车"。行动最开始是直接支援南越军队,但从5月9日开始,行动被命名为"后卫"①,目的是通过攻击北越运输目标和补给仓库,并在港口布设水雷,封锁补给和装备运输线,削弱北越军队的进攻。

此时,北越已经把萨姆-2导弹部署到了南越地区。仅在2月17日,北越就发射了81枚萨姆-2导弹,击落了3架F-4。就在"自由列车"行动开始的同一天,1架来自第42战术电子战中队代号"BAT21"为B-52D护航的EB-66E(图2-53),遭到偷运至该地区的北越萨姆-2导弹攻击。虽然EB-66E挂载有对付萨姆-2导弹的电子干扰吊舱,但仍有1枚导弹击落了"BAT 21"。这些大规模行动前的损失反映出对抗萨姆-2导弹更加重要了。

图2-53 被击落的挂载有干扰吊舱的代号为"BAT 21"的EB-66E

在整个"后卫Ⅰ"行动中,对抗萨姆-2导弹最典型和精彩的是5月10日轰炸保罗·杜梅大桥的作战行动,其电子干扰战术在后续作战中被广泛使用。

行动主攻任务由10个小队共40架F-4D/E战斗机担任,护航部队由6个飞行小队组成,每个小队编4架F-4"鬼怪"式战斗机,同时派出4架EB-66E电

---

① 在"后卫Ⅱ"行动开始后,这次的行动就被称为"后卫Ⅰ"。

子战飞机进行干扰支援。

主攻飞机于当天上午 8 点起飞。先遣编队由 8 架 F-4 飞机组成,每架飞机各携带 9 枚由宣传弹改装的 M-129 箔条炸弹。飞机沿着飞往目标的航线每隔一定时间投放一些箔条弹,产生一连串箔条云,目的是形成干扰走廊遮蔽满载炸弹的攻击飞机。攻击飞机跟在这些飞机后面,沿同一航线飞行。其行动示意图如图 2-54 所示。

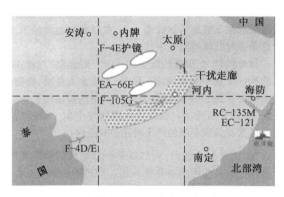

图 2-54　轰炸保罗·杜梅大桥行动示意图

参加作战行动的每架 F-4 都挂装了 1 个覆盖"扇歌"雷达和高炮炮瞄雷达频率的 ALQ-71 干扰吊舱和 1 个覆盖萨姆-2 导弹信标频率的 ALQ-87 干扰吊舱。虽然在 1971~1972 年间,北越萨姆-2"导线"导弹已换装功能更强的应答机信标,干扰起来更为困难,但仍然是一个值得干扰的目标。

9 点 45 分,4 架 EB-66E 在 9000 米高度飞抵河内萨姆-2 导弹防区西部边界外的指定巡航位置,并立即对北越防空和导弹目标指示雷达实施干扰。

9 点 47 分,8 架布撒箔条云的 F-4 飞机,分成两批,按干扰吊舱编队,在 7000 米高空飞向河内地空导弹防区。根据长机命令,8 架 F-4 飞机同时各投放 1 枚箔条炸弹,下落一会儿后,炸弹爆炸散出金属箔条。这一过程每隔 15 秒重复一次,在 2 分钟时间里,F-4 飞机朝河内方向飞行了 18 英里,其撒布过程如图 2-55 所示。

攻击部队紧跟在箔条投放飞机后面,以每小时 540 海里的速度在 4000 米高空飞行,各小队间保持 3 千米的间距,先后进入防空区展开攻击。整个行动突击及支援部队编队如图 2-56 所示。

在 F-4 飞机对北越雷达和导弹下行链路的干扰、干扰吊舱编队飞行、箔条云走廊、EB-66E 的远距离支援干扰等诸方面强有力的协同作战下,虽然北越发射了大量萨姆-2 导弹,但没能打下一架美军飞机。在随后的几个月中,5 月 10 日所采用的电子战战术被作为遂行攻击作战行动的样板,北越使用的大多数电

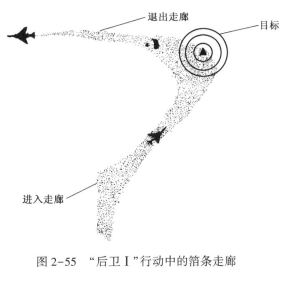

图 2-55 "后卫Ⅰ"行动中的箔条走廊

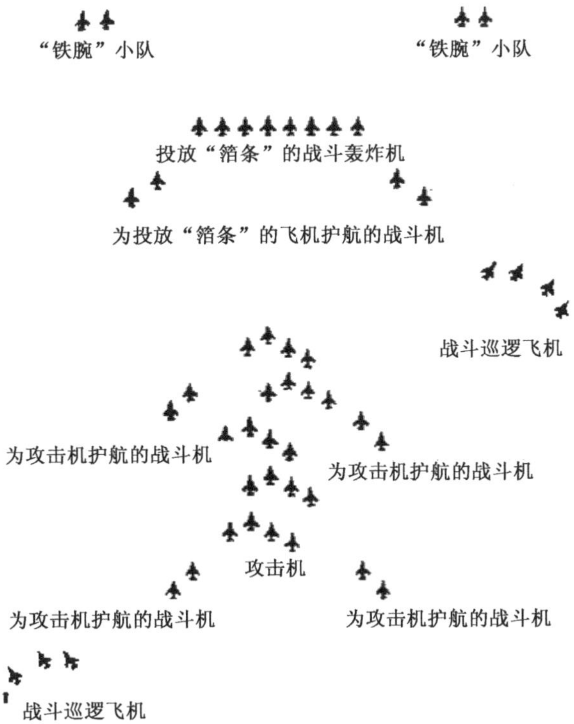

图 2-56 "后卫Ⅰ"行动中的典型突击和支援部队

85

子系统也没有多大变化,双方达到了一种动态平衡。

(二)"后卫Ⅱ"行动中的干扰与反干扰

1972年12月14日,随着另一轮与北越政府和平谈判的失败,尼克松总统决定采取断然行动来结束这场在越南的冲突。行动的代号为"后卫Ⅱ",包括以B-52为主力的各型作战飞机都将参与到对河内和海防地区的打击中。

1. B-52面临的问题

1)B-52的前期作战

B-52"同温层堡垒"在越战中的初次登场是1965年的"弧光灯"行动,作战区域为越共控制的南越地区,直到1972年4月才到红河三角洲地区等高危区域实施轰炸。在电子干扰的掩护下,多次行动均未出现损失。但到了11月份,随着北越将几个萨姆-2导弹部队调到了防空力量薄弱的南部地区,情况发生了变化。1972年11月22日夜间,由18架B-52D轰炸机组成的编队,在电子干扰全力支援下攻击荣市西部的补给仓库。4架F-4飞机在目标地区布撒了箔条走廊,3架EB-66飞机提供远距离干扰支援和电子监视。一开始,B-52轰炸机全力对导弹阵地实施干扰,但接近目标时,B-52却发现其轰炸瞄准雷达遭到己方干扰的严重影响不能工作。应几架轰炸机的请求停止干扰后,丧失掩护的B-52很快遭到了萨姆-2导弹的攻击。55-0110号机被萨姆-2导弹击中,勉强飞回泰国,在抵达基地后坠毁,如图2-57所示。这是B-52在参战的7年间首次被击落。

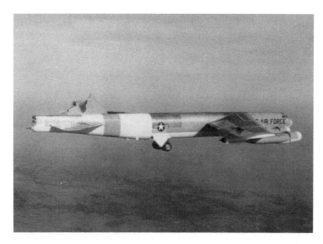

图2-57 已经没有了垂直尾翼的B-52勉强飞回基地

2)B-52的自卫电子战装备

B-52被击中为美国空军再次敲响了警钟,为了弄清楚萨姆-2导弹对B-52轰炸机的威胁,以及B-52现有电子战设备可能发挥的作用,B-52轰炸机对设在埃格林空军基地的SADS-1展开干扰试验。结果表明,由于轰炸机机身庞大而产生的问题十分突出:1架在10000米高空飞行的B-52轰炸机在进入20千米斜距范围时就达到了"扇歌"雷达模拟器的"烧穿"距离。在这一距离范围内,雷达操作员能透过干扰跟踪轰炸机的回波。而且,这一"烧穿"距离只适用于装备最新式的第五阶段电子战设备的B-52轰炸机,且所有的E/F波干扰机都要以最大功率发射。对于那些只装备早期第三阶段电子战设备的轰炸机,或部分干扰机未使用最大功率工作的情况,"烧穿"距离会更远。

能够参加轰炸的有B-52D和B-52G两种机型。D型机虽型号较老,但携带的全是经过第五阶段改装的电子战设备,其中干扰设备包括4台ALT-6B或ALT-22连续波干扰机、2台ALT-16压制干扰系统、2台ALT-32H和1台ALT-32L高低频干扰机、6台ALE-20红外干扰弹投放器和8台ALE-24干扰箔条投放器,引擎短舱间的挂架上还安装了ALE-25干扰火箭巢。而G型轰炸机只有大约1/2进行过这样的改装,其余装备的都是效能较低的第三阶段产品。G型轰炸机不同改装阶段的具体电子战装备见表2-1。

表2-1 B-52G型机装备的电子干扰装备

第三阶段电子干扰装备		第五阶段电子干扰装备	
干扰机	投放器	干扰机	投放器
5部ALT-6B 2部ALT-13 2部ALT-15H 1部ALT-15L 1部ALT-16	箔条: 8部ALE-24 红外诱饵弹: 6部ALE-20	4部ALT-6B 6部ALT-28 2部ALT-32H 1部ALT-32L 2部ALT-16	箔条: 8部ALE-24 2部ALE-25 红外诱饵弹: 6部ALE-20

3) 对B-52干扰战术的限制

除了装备,干扰掩护B-52作战还面临着其他条件的限制。在考虑应采取何种电子战战术掩护B-52从高空突防时,战略空军司令部确定了一条坚定不移的原则,即摧毁目标绝对是其主要目的。战略空军司令部司令指示:"首架起飞的轰炸机必须将炸弹精确地投放到目标上,任何一种新战术都得服从于这个前提条件"。

这一原则决定了很多之前被证明行之有效的电子战战术不可能运用到本次作战中来,比如参照美国空军战斗攻击机所采用的方法,让重型轰炸机采取间距更宽的干扰吊舱编队也许能提供较好的保护,但战略空军司令部准确投放炸弹的要求排除了这种可能性。另有人建议,将B-52轰炸机编入由3架F-4组成的干扰吊舱编队中,这样,如果米格战斗机出现,F-4可飞离编队实施护航,然后再重新组成干扰队形。但对此种战术进行几次试验后发现用处不大——B-52轰炸机发射的干扰比战斗机干扰吊舱发射的干扰功率要大得多,以至于在地面完全看不到战斗机发射的干扰。多次验证后,得出的结论是:在高空飞行的B-52轰炸机,穿越萨姆-2导弹防区时面临极大威胁。

2. 作战情况

考虑到"后卫Ⅱ"行动次数较多,这里重点描述对抗激烈、较为典型的第一、第三和第八晚的作战情况。

(1) 12月18/19日(第一晚)的对抗

1) 美军的行动

1972年12月18日下午,美军发起"后卫Ⅱ"行动,目标是位于和乐、白马和富安的机场,位于京奴的车辆修理厂及安园铁路调度场、河内铁路修理厂和广播电台。

美军出动多架战斗机和攻击机通过撒布箔条、压制萨姆-2导弹阵地对B-52实施支援。具体支援战术:22架F-4E携带ALE-38大容量箔条投放器或M-129箔条炸弹,以4架为一单位,间隔500~600米组成干扰队形,在13700米高空穿越防御区并布撒箔条,建立一个宽约5千米、长约80千米的箔条走廊,以保护随后而至的B-52。F-4E机组人员对这一任务感到胆战心惊:13700米的投放高度正好处于萨姆-2射界内,而随着箔条向机身后方飘洒,在雷达屏幕上F-4E看上去像一个箭头的顶点——北越如瞄准这个顶点发射导弹,F-4E将无路可逃。考虑到干扰走廊容易随风飘移,偏离预定干扰区,因此F-4E还需在河内、海防等目标上空投掷箔条炸弹,在7625~10675米的高度上形成一团干扰云,以掩护B-52和战术飞机在目标上空的活动。17架F-105G"野鼬鼠"和约12架海军的A-6B和A-7在防空压制中充当主要角色。

支援这些重型轰炸机的还有31架专用电子干扰飞机,包括9架EB-66E、8架EKA-3B、9架EA-6A和5架EA-6B。另有6架电子侦察飞机担负电磁监视的任务,其中包括1架RC-135、2架EA-3B、2架EP-3B和1架RA-5C。

由48架B-52组成的第一波突袭力量,于19时45分开始攻击,以3架为一小队,成横向间隔较小的一路纵队飞行,以减少炸弹散布区域,如图2-58所示。小队间相距约1.6千米,后面小队的飞行高度依次比前一小队高150米,这种队形可使小队的联合干扰达到相互支援的目的。当进入地空导弹防御地域时,B-52一方面发射"鹌鹑"诱饵导弹(图2-59)欺骗雷达[①],使警戒雷达误判误跟踪,并引诱防空导弹误射;另一方面开始实施目标跟踪雷达机动——小队中所有

[①] 来自北越的说法,但美军的诸多记载中没有提及这一点。

3架轰炸机同时作"Z"字形飞行,以扰乱"扇歌"雷达操作员。当B-52到达攻击点时,飞机进入直线水平飞行,以便实施精确轰炸。各小队攻击同一目标的间隔为4分钟。为精确轰炸目标,战略空军司令部要求B-52机群在防空火力区域内也严格保持事先规定的编队队形。任务完成后,B-52轰炸机迅速以规定的速度和方向战斗转弯并脱离防空导弹火力范围。

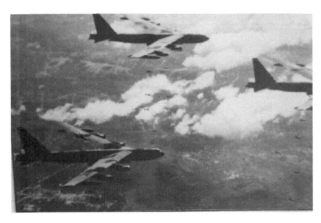

图2-58　B-52的三机编队

图2-59　GAM-72(AGM-20)"鹌鹑"(Quail)诱饵导弹

B-52自身以及执行远距离支援干扰任务的EB-66E、EKA-3B、EA-6A和EA-6B等飞机,一旦检测到北越导弹目标指示雷达信号即对其实施干扰。以3架为一小队互相支援的B-52飞机使用E/F波段干扰机对付"扇歌"雷达的水平波束和垂直波束及导弹下行链路信号,如图2-60所示。对目标指示雷达和导弹制导雷达的干扰,促使攻击B-52的萨姆-2导弹不得不让"扇歌"雷达进行长时间发射,这使得导弹阵地更易受到"野鼬鼠"等执行"铁腕"任务飞机发射"百舌鸟"或"标准"反辐射导弹的攻击。F-4E在顶空布设的长箔条走廊还使目标区普遍处于混乱状态,但在攻击中 B-52 没有投撒箔条来对付地空导弹①,B-52 飞机上的电子战军官根据指令,只有在遭到战斗机的攻击时才可使用箔条。

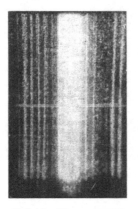 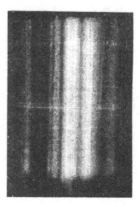

图 2-60　B-52 的杂波干扰(左边功率大,右边小)在"扇歌"方位角屏幕上的显示

空袭行动遭到北越导弹部队猛烈还击,其以 2~3 枚齐射的方式发射导弹。当 B-52 进入距导弹阵地斜距 20 千米时,"扇歌"雷达即对 B-52 处于"烧穿"状态,这意味着轰炸机在经过一些射击位置较好的导弹阵地时,会很容易被命中。

飞行在 11500 米高度的"紫丁香"小队 3 号 B-52D 轰炸机,就是在即将投弹时被击中,严重受损的飞机在投弹完毕后降落在乌塔堡基地。11 分钟后,"木炭"小队 1 号 B-52G 轰炸机在相似的境况下,被在其附近爆炸的 2 枚导弹击落并坠毁在河内西北 16 千米处,如图 2-61 所示。

图 2-61　坠毁在河内的 B-52G

---

①　噪声干扰使"扇歌"雷达的操作员无法获知轰炸机的距离信息,但如果轻易投放箔条可能会暴露飞机的距离,给防御方提供方便。

由30架B-52组成的第2波空袭编队在午夜23时45分实施攻击,防御者同样进行了还击,"桃子"小队2号B-52G轰炸机在投掷完炸弹准备转向时,1枚导弹在其左后翼爆炸,飞机飞到泰国后坠毁。

19日凌晨4时40分,由51架[①]B-52轰炸机组成的第3波袭击部队开始攻击目标,如图2-62所示。行动中"玫瑰"小队1号B-52D轰炸机和"彩虹"小队1号B-52D轰炸机被击中,前者坠毁,后者安全返回。

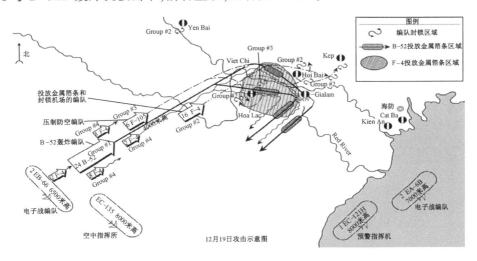

图2-62 12月18/19日美军第3波次空袭行动示意图

在第一个夜间,美军估计北越发射了164枚[②]萨姆-2导弹。参与行动的129架B-52中,有3架被导弹击落,2架受到不同程度损伤。但执行箔条布撒任务的F-4E没有受损,机组人员看见有导弹向他们发射,但都打在距他们之后约300米的地方。这一奇怪现象的原因很快被找到——ALE-38吊舱的箔条布撒速度飞快,犹如喷洒出去的一样,箔条云形成的回波是如此之亮,中断了雷达接收机的自动增益控制,使得"扇歌"雷达操作员难以发现投放箔条的飞机。虽然"扇歌"操作员将导弹瞄准屏幕上的"箭头"——那往往是投放箔条飞机的位置——实际上却是飞机之后300米的地方。

在"后卫I"中发挥重要作用的箔条战术没有奏效的原因,是当晚高空的强风很快将箔条吹散(根据计算箔条能掩护B-52的时间最多只有8分钟),因此对B-52轰炸机没有起到保护作用。还有证据表明,在箔条云密集的地方,"扇歌"雷达操作员在实施攻击前根据各架轰炸机发射的干扰对其进行了被动跟踪。

---

① 苏军顾问记载为24架。
② 苏联数据为68枚。

2）北越萨姆-2 导弹的抗击

当晚，在第一批 B-52 从关岛安德森空军基地起飞，离目标还有数小时路程时，北越就收到大批 B-52 来袭情报①，同时，北越空军和防空军部队司令部获知了美国"萨拉托加"号航母向东京湾北部行动的动向。18 点 30 分，部署在越南和老挝边境的无线电技术部队发现 250 千米之外 9000 米高空的首批 F-111A，15~18 分钟后，发现了第一梯次空袭编队前锋的 F-4 飞机编队。

到 19 点 50 分，北越河内防空师所有部队都参与到防空战斗中，如图 2-63 所示。在这一夜，萨姆-2 防空部队完成 35 次导弹发射任务②，共发射 68 枚导弹，击落 3 架 B-52 轰炸机。北越萨姆-2 防空部队主要在 B-52 轰炸完毕后进行战斗转弯时将其击落，这是因为对"扇歌"雷达来说，B-52 轰炸机 3 机编队在转弯时具有最大雷达搜索特征，容易锁定目标；其次，转弯时 B-52 上的电子战设备对地面雷达的干扰效率下降；另外，转弯时原来 180 千米/小时的顺风会转变为逆风，对 B-52 这种飞机飞行产生了巨大影响。

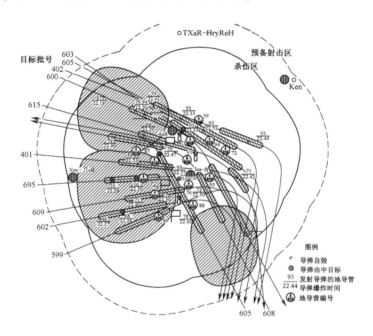

图 2-63　12 月 18/19 日北越防空导弹抗击美军空袭示意图

由于美军的轰炸行动集中在夜间，且伴随有强烈干扰，越军预先制定的"雷

---

① 据悉是部署在安德森空军基地跑道之外的苏联情报船向北越发出的。
② 其中在第 3 波次空袭中完成 19 次，共发射导弹 35 枚。

达跟踪+光学辅助瞄准"战术失去了作用,不得不改用更复杂的"干扰三点法"手动制导。防空导弹团指挥所根据无线电技术部队提供的情报下达作战准备命令后,使用三角测量法,采用2~3个导弹营的计算数据,以10秒时间判读方位角,确定目标坐标及运动参数,通过团指挥所"方位角-距离"协调系统向各作战导弹营传输相应数据。导弹营得到目标指示数据后,重新计算,通过两者相结合的方式,在复杂干扰条件下确定目标坐标和运动参数。在确定目标类型方面,团指挥所综合采用师指挥所传递的情报、无线电技术部队的数据、导弹营的报告和目视观察哨的数据。在确定了目标类型、坐标和运动参数后,团指挥所向各营下达导弹发射任务,限定导弹发射数量,个别情况下甚至还规定了射击距离,进行反击。

由于协调不力、经验不足,标图员和方向判读员工作程序复杂,导弹团指挥所发布的情报有许多错误,最终增加了各导弹营在确定目标坐标和运动参数方面的错误。战斗中,北越各导弹师、团、营指挥所缺乏对抗美军战略航空兵大规模空袭的经验,在复杂空情和电子干扰情况下的战斗数据计算错误百出,计算操作员没有信心,工作没有条理,部队官兵不善结合使用导弹制导站主、被动工作方式等缺点暴露无遗,在跟踪打击目标(特别是群目标)方面犯下了许多错误,没能保障导弹的射击精度和有效射程。

结果,在抗击第3波次空袭的战斗中,防空导弹部队共完成19次射击,发射35枚导弹,但只击落了1架B-52轰炸机,约70%的导弹最远只达到32~40千米的射程。师、团指挥所下达作战命令时,没有充分考虑各导弹营的射击条件和导弹储备情况(大部分导弹营的发射阵地上有7~8枚导弹),结果限制了发射次数和导弹发射数量,19次发射中有3次只发射了1枚导弹,其余各为2枚导弹。另外,导弹发射次数和数量通常由团指挥所确定,也降低了导弹发射阵地官兵的积极性和创造性,致使射击效率大大降低。由于在目标辨别方面犯下了许多错误,有5次射击时都把战术飞机误认为是B-52轰炸机,结果发射的导弹没有达到有效射程,自然没有取得任何战果。

(2) 12月20/21日(第三晚)的对抗

12月20/21日,即作战行动的第三个夜间,共有99架B-52轰炸机参加行动,飞行航线、目标和战术与之前相似。支援飞机包括18架F-105G"野鼬鼠"飞机、26架F-4E箔条投放飞机及若干远距离支援电子战飞机。

在第1波攻击中,33架B-52攻击河内铁路修理场时,没有1架飞机受损。接下来是9个小队攻击安园列车调度场和附近的爱漠仓库,遭到了约130枚导弹的反击。由3架B-52G组成的"棉被"小队最初顺利完成了轰炸任务,期间1号机有2部E/F波段干扰发射机失效,电子战军官随即用3部干扰机干扰"扇歌"雷达,1 部干扰机干扰导弹下行链路;2 号机所有干扰机都工作正常,被用来集中干扰跟踪轰炸机的"扇歌"雷达;3 号机装备经第五阶段改装的电子干扰设备,但其中 2 部 E/F 波段干扰机失效,其余干扰机集中干扰"扇歌"雷达。当该小队轰炸完毕开始转向时,1 枚导弹在 3 号机旁爆炸将其击落。几分钟后,"黄铜"小队到达目的地,其 B-52G 轰炸机有 1 架装备有第五阶段改装的电子干扰设备,2 架装备有第三阶段电子干扰设备。当小队完成轰炸后转向时相互分离,1 号机领先于 2 号机约 6 英里。不久,后者被 2 枚导弹击中坚持飞到泰国后坠落。在"黄铜"小队后边的是包括 3 架 B-52D 的"橙子"小队,在进入目标区转弯时被几枚导弹锁定,最终 3 号机被击落。

在第 2 波攻击行动中,包括 21 架 B-52 轰炸了河内列车调度场、北江运输站和太原发电厂。原计划共有 27 架轰炸机,但在起飞后,6 架携带第三阶段电子干扰设备的 B-52G 被召回,剩下的 21 架 B-52 完成攻击任务未遭受任何损失。

第 3 波攻击有 39 架 B-52 参加,目标为河内列车调度场和京奴车辆修理场,行动最终损失惨重。当"麦杆"小队 2 号 B-52D 轰炸机投完炸弹开始转向时,被 1 枚导弹炸毁 2 部发动机,飞机到达老挝领空后坠毁。攻击京奴的"橄榄"小队 3 架 B-52G 轰炸机在之前的规避飞行中相互分离,2 号和 3 号飞机的电子战军官报告,在目标区域上空一直有很强的"扇歌"雷达和上行链路信号在活动,机组人员估计遭到 30 枚以上的导弹攻击,结果 1 号机轰炸后开始转向时被击落。8 分钟之后到来的"茶色"小队中装有第三阶段电子干扰设备的 3 号机遇到了麻烦:它的轰炸雷达首先失效,接着脱离了飞行小队,在它落后于另 2 架轰炸机 10 千米时,1 枚导弹在其附近爆炸造成飞机解体。攻击河内嘉上石油存储区的"砖块"小队,其 2 号 B-52D 轰炸机在轰炸后转弯时,1 枚导弹将其右机翼打出无数洞眼,但该机顺利返回。

当晚是整个"后卫Ⅱ"行动期间付出代价最惨重的一次:6 架 B-52 被击落,1 架严重受损。后来估计北越发射了 220 枚[①]以上的萨姆-2 导弹。

造成当晚惨重损失的原因主要包括 4 点:一是部分 B-52 飞机的干扰机失效。二是部分 B-52G 飞机没有经过第五阶段电子战设备改装,其干扰机功率过低。三是 B-52 飞机转向时最大干扰方向变化,难以有效掩护飞机——B-52 以 3 机队形飞行时,其电子干扰设备对付萨姆-2"扇歌"雷达较为有效,如作机动转弯,则会降低干扰效果,所以 B-52 机组被告知,即使北越发射了萨姆-2 导弹,也要保持队形。四是风力过大影响箔条干扰的持续性。另外,越军反空袭战

---

① 苏联统计数据仅为 33 枚。

术也发生了变化,例如采取米格飞机与B-52飞机并排飞行的方法,测出B-52高度,尔后将得到的数据通报给萨姆-2导弹阵地。一旦米格飞机脱离,萨姆-2导弹便立刻实施精确齐射,可见米格飞机提供的高度数据已被使用。还有一种可能是北越使用了新的雷达,几名美军电子战军官报告说,在行动中截获到的雷达信号来自一种新的、不熟悉的雷达。雷达的工作频率好像在从E至I波段内捷变,为了不受干扰,它能在频段内自动寻找工作的频率点。

"后卫Ⅱ"行动的前三天被称为这次战役的第一阶段,美军的轰炸战术存在许多问题。如每晚B-52各机群都采取同一航线、同一高度和速度、从同一方向进入目标,且飞机之间、编队之间的间隔很大,战斗行动具有明显的规律性。庞大的轰炸机群在空中绵延近113千米,被飞行员戏称为"大象漫步"。这造成航线距离长、可预测、相对容易被发现和锁定。参战的B-52飞行员批评说:"每晚第一架B-52的航线就是该晚其他所有B-52的航线""每一架飞机都保持同一高度和速度""在头一架飞机过去后,地面炮手已经知道后面所有飞机怎样飞了""每一编队3架飞机,需要2~3分钟,才能完全通过目标。编队之间的时间间隔甚至长达4分钟,18架飞机要半小时才能完全通过目标""攻击波之间的时间间隔长达一小时,使得对方防御有一个恢复和再准备的机会,减少了每一波的作用""很多次攻击由于对方的设备和人员及时撤离目标区域或转入地下而变得无效"。掌握规律的北越军队让每一个攻击波的第一个小队安全通过,以便标示出进攻航线和投弹后的转弯点,这一信息被用于在后续小队投弹和攻击目标后转弯空域齐射导弹,以增大命中概率。为B-52预设的干扰走廊效果并不好,反倒类似一条"黄色砖路",为北越地空导弹搜索目标提供了便利。因此,B-52飞行员讽刺美国空军领导机关时说:"北越的处境相当有利,好像他们有一个人在(美军)战略空军司令部参加制订作战计划一样"。

战术呆板还表现在"不能视空中情况的改变而变更战术"。例如,"战术空军报告说,某一地区的地空导弹已被消灭,在导弹防御圈中形成了一个缺口,但是,(领导机关)仍然不允许B-52改变航线来利用这个缺口""电子干扰走廊偏移后,仍不允许B-52调整航向,离开原航线24~32千米来利用干扰走廊""所有飞机投弹后,都要做一个50°,甚至更大角度的转弯脱离目标,使得腹部的干扰天线在关键的30~60秒时间内离开目标",大大减弱了干扰强度。

为此,在第307战略轰炸机联队副司令领导下的一个评审小组提出一些战术上的变化,包括变换轰炸机的往返航线,变换投弹和攻击目标后转弯的时间间隔,在投弹和攻击目标后转弯之间飞行高度的随机变化。这些建议于12月22日被部队采用。同时,战略航空兵总司令梅耶尔将军决定,对北越防空导弹阵地和无线电技术阵地采取更强有力的火力压制措施。

战略空军司令部在讨论减少 B-52 轰炸机损失的方法时,也来到埃格林试验场调查如何改善干扰效果。调查人员使用 B-52 演示那些对北越使用的相同干扰方式,最终发现 B-52 受损原因之一是其干扰机天线覆盖范围不足,无法从高空向雷达发射足够的能量。B-52 轰炸机的 E/F 波段干扰机辐射方向图的形状就像一个巨大的颠倒的茶盘被牢固地安装在飞机的下侧。当 B-52 作倾斜转弯机动时,其在地面上的干扰"足迹"就移到了转弯的外侧。这样,位于转弯内侧的导弹阵地就具备了较好的攻击条件。显然,一架没有改装的 B-52G 轰炸机在导弹射程内作轰炸后转向时将面临最大的风险。

B-52 轰炸机电子干扰天线的方向图问题被确认后,战略空军司令部集中主要精力寻求解决办法。相关承包商接到改造天线的紧急需求,以使轰炸机在高空飞行时能够将干扰能量集中在地面上更小的范围内。高空作战中的干扰天线方向图需要更像是一个倒置的杯子,从而取代飞机下方"倒置茶盘"形干扰天线方向图。为了完成这个任务,亚当斯·拉塞尔公司对天线作了简单修改,但在原型机制造出来之前"后卫Ⅱ"行动就已经结束了。

(3) 12 月 26/27 日(第八晚)的对抗

1972 年 12 月 26/27 日夜,空袭行动在第 8 个夜间再次全面展开。当夜的空袭和抗击行动十分激烈。

1) 美军的行动

共 120 架 B-52 轰炸机参战,目标包括列车调度场、仓库、车辆修理厂、石油存储区和地空导弹阵地以及变电站,如图 2-64 所示。

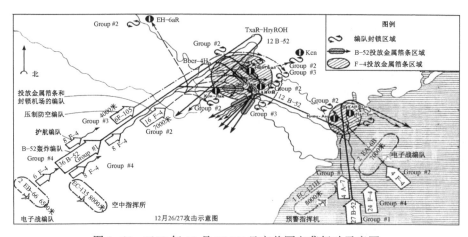

图 2-64 1972 年 12 月 26/27 日夜美军空袭行动示意图

战略空军司令部汲取教训,不再把每波次轰炸机间距放得很大,而是以密集突击的方式同时对目标群实施攻击。攻击每个目标的第 1 小队都在午夜零时开始行动,最后一批轰炸机在 15 分钟后完成攻击。7 波次轰炸机分别从 4 个不同方向对河内周围目标进行攻击,如图 2-65 所示。

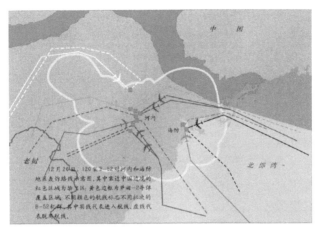

图 2-65　1972 年 12 月 26/27 日夜美军 7 波次空袭航线示意图

为了支援它们,F-4E 布设了一个长 48 千米、宽 32 千米、深 3000 米的矩形箔条走廊。为了减轻风力的影响,箔条在第一批 B-52 开始轰炸时被投放到预定位置。随着 B-52 在时间和空间上的相对集中,箔条走廊可以提供更为有效的保护。

美军战机的损失很快出现,在轰炸甲二列车调度场时,因 1 架飞机故障退出而只剩 2 架 B-52D 的"黑檀树"小队遭到导弹攻击。小队距投弹点约 4 分钟航程时,1 号机发出告警信号,电子战军官捕捉到"扇歌"雷达及上行链路信号,并将 2 部干扰机对准该雷达频率和上行链路信道实施干扰。但在炸弹投出后不久,该小队陷入 27~30 枚萨姆-2 导弹的攻击,1 枚从第 271 号导弹阵地发射的导弹将 2 号机击落,如图 2-66 所示。

图 2-66　"黑檀树"小队 2 号机 B-52D 在河内上空被击中解体坠落

3分钟后,也有1架飞机退出的"灰色"小队对京奴车辆场进行轰炸。2号机截获到3个上行链路信号,但因1部E/F波段干扰机不能工作,电子战军官只得用2部干扰机对付下行链路,剩下的对付"扇歌"雷达。结果"灰色"小队1号机在投弹前被1枚导弹重创,飞回基地降落时冲出跑道后折成两段并起火。

"奶油"小队的3架B-52D在准备离开目标区域时遭到攻击。2号机和3号机截获到"扇歌"雷达信号,1号机和3号机截获到上行链路信号。虽然2号机的2部E/F波段干扰机失效,但小队使用6部干扰机同时对下行链路信道进行干扰,其余干扰机对付"扇歌"雷达。最终有4枚导弹在较远处爆炸,造成1号和2号飞机蒙皮出现小凹陷。

这一夜的行动共有2架B-52损失,分析后认为,B-52被击落的两个小队各有1架飞机退出任务,只有剩下的2架飞机到达目标区,导致没有足够的电子干扰保护才遭受损失。于是美国空军决定,如果有1架B-52在途中退出,那么小队里剩下的飞机应加入到前面或后边的编队中去,组成一个5机飞行编队。

2)北越萨姆-2导弹的抗击

同19/20日夜间轰炸行动一样,北越雷达部队在距离约350千米处的老挝上空就发现了B-52轰炸机的先头部队,随后他们发现了以同一航向飞行的另外11个轰炸机小队。

此次战斗前,海防防空集群第71和72地空导弹营换防至河内地区,另有2个营新纳入了战斗编成,这样,河内防空师共拥有13个有战斗力的导弹营。考虑到各导弹营发射阵地上的导弹储备,河内防空部队有可能摧毁6架战略轰炸机,如果重新装填弹药,则可摧毁8架。最终在此次战斗中,河内防空部队共进行了24次发射,消耗45枚导弹,击落6架[①]B-52,防空集群的战斗能力发挥75%,平均射击效率达到0.25,消灭1架飞机消耗导弹的平均数量也降至7.5枚。

这一战绩的取得主要得益于经过几次战斗后各级指挥所的战斗计算水平提高及官兵战斗经验的增加。战斗中,团、营指挥所在战斗计算方面显得比较自信、坚决,熟练运用各种技术、灵活选择射击目标,比较充分地发挥了导弹制导站在干扰条件下发现目标的能力,善于结合利用其主动和被动工作方式,导弹基本上都达到了最佳射程。45枚导弹中有36枚射程达到了25~35千米,在5次击中目标的射击中,导弹射程达到了28~32千米。抗击过程如图2-67所示。

不过,北越防空部队同样也犯下了一系列错误:有2个B-52编队被错认为是F-4E编队,结果没能发动攻击;一些导弹营只完成了1次射击任务,尽管根

---

① 来自苏联数据,与美军公布的数据差距较大。

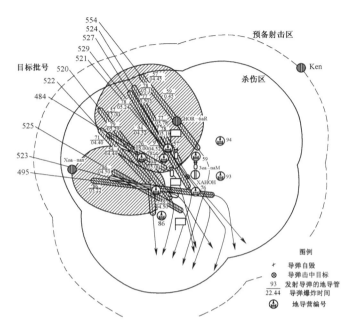

图 2-67　1972 年 12 月 26 日北越导弹部队抗击空袭示意图

据空中态势和发射阵地上的导弹储备等情况来看,至少可以完成 3 次射击;违反导弹射击数量规则的情况仍有出现,有 4 次射击只发射了 1 枚导弹,这其中有 2 次还是连续进行的,只有 1 次发射了 3 枚导弹,其余都各发射了 2 枚,这也大大降低了命中概率。

(4) 后续对抗

1972 年 12 月 27/28 日夜第 9 个夜晚,美军出动 60 架重型轰炸机攻击列车调度场、补给中心和 3 个导弹阵地(包括第 234、第 243 及以准确击落美军战机而闻名的第 549 号地空导弹阵地)。

北越再次进行了英勇的反击①,击落 2 架 B-52——其中彻底摧毁第 243 号导弹阵地的"灰色"小队 2 号机,如图 2-68 所示,被第 549 号导弹阵地发射的导弹击落;另一架 B-52D("深蓝"小队 1 号机)在攻击重光火车站时被导弹击落。

在后面的第 10、11 个夜间,轰炸机继续对包括导弹支援设施和第 158、第 166 号地空导弹阵地进行了攻击,但小心地避开仍在活动的第 549 号导弹阵地,"以示对它的真正尊重"。最终没有轰炸机受损。

由于前几个夜间北越消耗了大量导弹,加上美军持续对导弹存储设施的袭

---

① 苏联记载发射导弹大约 42 枚。

图 2-68 遭受炸弹覆盖的萨姆-2 导弹阵地

击,以及"野鼬鼠"及"铁腕"部队的破坏,对防御方产生了累积效果。参加空袭的机组人员注意到,这两晚发射的导弹数量较之前几晚少了许多①,没有轰炸机在攻击中受损。在 12 月 29/30 日夜间行动之后,北越政府表达了希望重回谈判桌的愿望,"后卫Ⅱ"行动结束。

3. 北越反干扰作战的②总结

"后卫Ⅱ"行动期间,北越的反干扰作战主要集中在预警雷达部队和防空导弹部队。

1）北越预警雷达反干扰情况

北越预警雷达部队采取了诸多技战术措施来对抗美军的干扰。

一是通过操作抗干扰。包括调整雷达旋钮、适时摇动测高器和准确俯仰天线、适当提升雷达辐射功率、改变雷达扫描规律等。如通过调小雷达荧光屏辉度,使用展宽线路,使用微分电路等在干扰强度 2~3 级时可见目标;改变雷达天线接收波瓣,减弱干扰,增大信号强度;跟踪目标时,手控操作使之符合干扰带移动速度,容易跟踪发现目标;用俯仰天线进行观察,避开干扰最强点,等等。

二是利用 B-52 干扰征候及干扰带识别掌握目标。B-52 机群距离 350 千米时,一般会打开干扰机进行检查,此时雷达荧光屏出现小角度扇形干扰带,便知 B-52 要进入。还可从掩护 B-52 突防的 EB-66 干扰情况判断,EB-66 干扰带稳定,强度及张角不变。确定 EB-66 位置后,便可知道 B-52 进入方向。在

---

① 苏联记载分别仅发射了 8 枚和 6 枚导弹。
② 本部分内容根据的是北越及苏联相关文献记载。

有多部雷达配合时,可用干扰夹角交会定位干扰目标的位置。另外,还可利用部分部署于侧向的预警雷达杂波上升次数来判断通过该地区的 B-52 的批数,如图 2-69 所示。

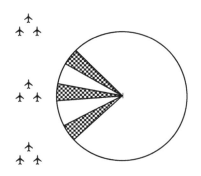

图 2-69　B-52 编队干扰在侧向预警雷达上显示的干扰带

三是利用受干扰比较轻的雷达掌握目标。在"后卫Ⅱ"行动中,来自苏联的雷达受干扰比较严重,来自中国的 406、P-8 等雷达受干扰较轻;另外,P-30 雷达有 6 个波段,抗干扰能力比较强。同时,因为 B-52 上干扰机天线方向图的特征,其干扰雷达的有效距离正面为 320 千米,尾后为 160 千米,机翼两侧为 45 千米,如图 2-70 所示;因此其正面雷达受扰强,侧后方雷达稍好,越军主要靠它发现和掌握目标。

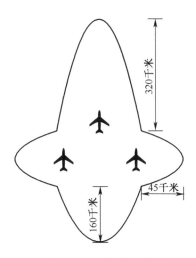

图 2-70　B-52 编队对不同方向预警雷达的干扰距离

四是改频抗干扰。越军雷达部队的改频一般都有预案,协同进行。通常只改针对 B-52 方向上的雷达频率,不改针对 EB-66 方向上的雷达频率,因为

B-52释放干扰时需要EB-66来引导,不宜让EB-66发现雷达已经改频,且改频数量不宜太多,一般不超过可改频数量的1/3,通常每组波次改1~2个频率。虽然美军的EB-66等远距离支援干扰飞机能够干扰P-12"匙架"等雷达的频率,但是一般4个雷达频率波段中会有1~2个频率受干扰的程度较轻。这样,北越防空兵会选择受干扰最小的频率波段跟踪目标1~2分钟,并伺机拦截,在此之后,会再次选择频率,再次被美军干扰。

五是调整部署反干扰。为应对美军对空情雷达网的干扰,北越在部署上合理地配置指挥所与雷达站。根据B-52干扰设备特点,在B-52航路部署雷达时,一般采取等边三角形部署,始终保持2/3的雷达避开正面强大的干扰。为避开干扰最强点,两侧雷达的部署位置与B-52进入夹角要大于30°,其间距既要考虑避开干扰强点,又要能够发现空中的各目标。战场上,两侧雷达的距离一般为120~160千米为宜,如部署大功率雷达,则可拓展为150~200千米。雷达连一般都是多机、不同频率雷达的配置,有效提升抗干扰能力。既要有能在远距离发现目标的大功率雷达,又要有能发现低空目标的雷达和测高雷达。这样既能担负警戒,又能担负引导,做到警戒和引导相结合,一机多用。在抗干扰上,多程式、不同频率的雷达配置,可以提高雷达的抗干扰能力,一般每个连设置三种不同程式雷达,米、分米、厘米波雷达结合配置。同时,在重要方向部署目力观察哨。

六是合理使用兵力兵器。在对付B-52的干扰时,北越预警雷达部队注重兵力使用时机,在战斗中,各种程式的雷达都会开一些,时机不宜过早或过晚,以避免过早暴露。当遭受强干扰时,通常开1部雷达,主要依托综合力量,使B-52航路两侧的雷达发挥作用。如某地区有测高、引导雷达,则必须配合警戒雷达。遭遇轰炸时,一个地区雷达网中,至少要有1~2部测高雷达开机,以掌握不同高度的目标。

"后卫Ⅱ"行动中,北越雷达部队由于采取了上述方法,在受到干扰情况下仍然不断准确地掌握情况。

2) 北越防空导弹反干扰情况

"后卫Ⅱ"行动期间,北越防空导弹部队在干扰条件下反击美军战略航空兵大规模空袭的一个重要做法,就是几个导弹营集中火力同时攻击一个目标或一个目标群——集火攻击具有非常高的效率,在23次集中火力射击中,共击落了13架B-52轰炸机,消耗了98枚导弹,达到了0.56的射击效率,比攻击一般目标的平均效率高了1.5倍,导弹消耗数量也低于平均水平。尤其是在干扰环境下,集火攻击分散了美军干扰力量,减轻了干扰对"扇歌"雷达的影响。但北越导弹操作员未充分接受在干扰条件和空中攻击环境下的作战训练,由于担心受

"百舌鸟"等反辐射导弹攻击,北越导弹营的导弹操作员试图向 B-52 发射导弹时不打开雷达高压,这使得在干扰条件下不能发现目标,且不能转换到手动模式制导导弹。

北越导弹部队对 B-52 最成功的攻击综合了主动制导和被动制导模式：一般操作员在发射导弹前 5~7 秒打开雷达,了解空中态势和干扰条件,尤其是评估导弹预计拦截目标区域的金属箔条情况；然后在导弹发射后关闭雷达以防止美军干扰及反辐射导弹攻击；随后,在导弹遭遇美军战机前 15~18 秒时,操作人员再次打开雷达,对导弹实施终端制导。北越军队采用上述模式在 7 次攻击尝试中击落了 3 架 B-52 架轰炸机。北越导弹部队采取传统攻击模式也击落了 3 架 B-52 轰炸机,在这 3 次拦截过程中,北越导弹部队雷达一直保持开机状态,搜索目标并引导拦截。

在干扰环境中,适当选择导弹发射距离对击落 B-52 的效率有很大影响,北越导弹部队发现,最有效的发射距离为美军战机距导弹阵地 30~35 千米。箔条的影响也很大,当 B-52 战略轰炸机在轰炸过程中投放金属箔条[①]时,北越发射的 244 枚导弹中有 64 枚抵达预定目标拦截区,其中 37 枚导弹在终端制导段自毁,其余在目标区域里爆炸,但没有击中飞机。导弹发射数量也影响着攻击效率,北越导弹部队在多数发射行动中(135 次中有 99 次)一次发射 2 枚导弹,击落了 23 架[②] B-52 战机(效率为 0.23)；在 31 次只发射 1 枚导弹的发射中,只击落了 4 架战机(效率为 0.13)；一次发射 3 枚导弹的 5 次发射中,共击落 4 架战机(效率为 0.8)。这证实最有效率的攻击是一次发射 3 枚导弹。

北越防空部队很注重把导弹和防空火炮进行有效结合。防空火炮主要用来拦截美军战术飞机,导弹部队只有在不拦截 B-52 时才参与攻击战术飞机的行动。大多数(76%以上)针对战术飞机的拦截都是在某种干扰条件下进行的,攻击效率达 0.47。针对战术飞机有较高的作战效率是因为北越防空兵在相对有利环境中有选择地对目标实施攻击。例如,在干扰较弱或目标机未做机动动作时对其实施拦截。北越防空兵击落的 75% 的目标都是没有作机动动作的,约 37% 的拦截行动只发射 1 枚导弹,约 58% 的拦截行动同时发射了 2 枚导弹。在对战术飞机和舰载机的 46 次拦截行动中,有 18 次(或 39%)是针对低空飞行的目标(最高 1000 米)实施的。11 次尾追方式发射中有 8 架战机被击落(效率为 0.72)。尾追发射导弹的作战效率较高的原因是战机经过导弹阵地后一般会停止做反导弹机动动作,干扰也变得较弱,并且反辐射导弹因为较大的飞行航向角

---

① 应是 F-4E 投放的。
② 这些数据来自越军和苏联的记载,与美军记载不一致。

度攻击受限制。当美军战机飞行在1000米以上的高度时,北越防空兵部队的射击就变得更难,在这个高度,战机飞行反导弹航线和作机动飞行,干扰在这个高度较有效,美军战机还有可能使用"百舌鸟"反辐射导弹。

附录2　边扫描边跟踪雷达工作原理及干扰方法

边扫描边跟踪雷达,也叫线性扫描雷达,以扇形波束在水平(或垂直)平面内作往返扫描,以搜索目标和测定目标的角坐标数据。为了获得目标的方位角和俯仰角数据,需要两部边扫描边跟踪雷达同时工作于同一空域。或者这种雷达有两副天线和收发系统,其中一副天线在方位上的一定扇面内往返扫描,另一副天线则在仰角平面上扫描。边扫描边跟踪雷达属于多目标跟踪雷达,多用于制导系统中,用以同时观察和测定目标和自己所射导弹的空间坐标数据,供跟踪系统引导导弹命中目标。

一、工作原理

边扫描边跟踪雷达的线性扫描系统是以最大信号的原理来测向的。因此,雷达接收机所收到的信号是一簇一簇的,脉冲群包络是天线方向图的形状,如图2-71所示。

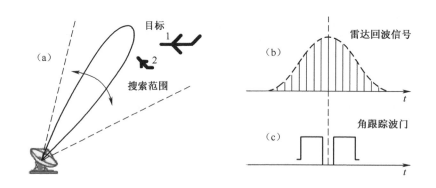

图2-71　边扫描边跟踪雷达系统测向原理图

在搜索状态时,天线在较大空域内搜索目标。发现目标后,即转为跟踪状态,这时天线在目标附近进行快速的扇形扫描。边扫描边跟踪雷达对目标的角跟踪,是用两个宽度相等、时间上差一个波门宽度的波门对回波进行选择和比较(这里把它称为角波门,通俗地讲就是接收关于目标方位角和高低角回波信号的门路)。两波门中接收的信号强度不相等时,便形成偏差信号,经过控制系统使波门向信号强的一边移动,直到波门接收的信号强度相等为止,此时波门中心信号最强,也就是目标的方向,如图2-86(b)、(c)所示。如果系统丢失目标,它就转入搜索状态,即角波门在一个大的角扇面内搜索,当角波门捕获目标后,搜索停止,转入跟踪。

二、干扰方法

边扫描边跟踪雷达系统是用窄波束搜索目标,靠角跟踪波门对顺序接收的脉冲群信号进行选择、比较形成偏差信号的,因此,属于顺序比较法自动方向跟踪系统。对暴露式(或搜索状态)和隐蔽式(或跟踪状态)边扫描边跟踪角跟踪系统需采用不同的欺骗性干扰方法和干扰样式,对前者常用的干扰样式有同步挖空干扰和角波门拖引干扰,对后者的干扰样式有方波干扰和随机挖空干扰等。下面分别介绍。

(一)对暴露式(或搜索状态)线性扫描角跟踪系统的干扰

暴露式(或搜索状态)边扫描边跟踪雷达输出的是钟形包络的高频脉冲群信号,目标的方向位于群信号的中心,即钟形包络的幅度最大处。干扰的基本思路是改变进入雷达信号的能量中心,使角波门不能对目标的高低和方位进行跟踪。下面介绍两种常用的有效干扰方法。

1. 角度波门拖引干扰

所谓角波门拖引干扰,简单地说,就是利用较强干扰信号把角波门从跟踪目标信号上拖引开的一种干扰方式。通常采用回答式干扰机。具体来讲,就是用接收到的雷达脉冲依次无迟延地转发回去,这些回答脉冲与其目标回波具有相同的天线方向图调制包络,但幅度比回波信号强,进入接收机后,角波门将跟踪到干扰信号上,然后当干扰机接收到雷达发射的下一个脉冲群后,干扰机继续转发一群干扰脉冲,但该干扰脉冲群包络的峰值相对于接收信号脉冲群包络的峰值迟延一个度 θ。在以后发射干扰脉冲群时,θ 按抛物线规律递增,雷达角波门将从目标信号的位置上离开,跟踪在干扰信号上,即干扰脉冲将角波门从目标位置上拖开。当 θ 增加到足够大时,突然关闭干扰机,停止发射干扰脉冲一段时间,上述干扰中 θ 递增的过程称为"拖引",而关机的时间段,称为"停拖"。干扰机关机后,角波门内没有干扰产生的假目标,且波门又偏离目标,故这时角波门内既无干扰假目标又无真目标,无法保持跟踪状态,于是转而进行搜索,直到重新跟踪上目标。然后,干扰机重复上述拖引——停拖的过程。造成角波门来回摆动,无法连续给出目标的角数据,这就是所谓的角度波门拖引干扰。干扰过程如图2-72所示。

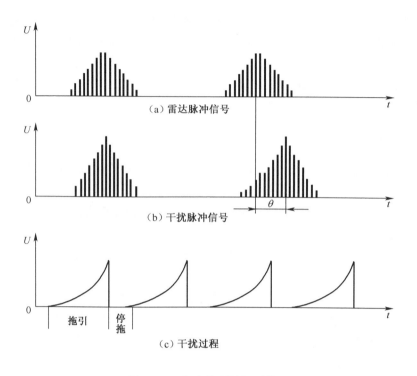

图 2-72 角度拖引波门干扰

2. 同步挖空干扰

对暴露式线扫角跟踪系统的另一种干扰方法是同步挖空式干扰。所谓同步挖空干扰,简单地说就是通过按一定规律挖空接收到的雷达信号,从而改变雷达接收目标信号的能量中心,使角波门不能跟踪真实目标信号的一种干扰方式。

同步挖空干扰原理如图 2-73 所示。同步挖空干扰脉冲群的位置尽量与雷达脉冲群一致重合,即不延迟,但改变挖空(缺口)包络的位置。首先在雷达信号的峰值包络处挖空,干扰脉冲群的能量中心不变,即与雷达目标角度位置"同步",使角波门跟踪上干扰脉冲。然后单方向匀速(或匀加速)移动挖空位置,即使干扰脉冲群的能量中心相应地向相反方向移动,从而使角波门中心相应地随之移动,逐渐远离目标角度(钟形包络的峰值最大处)。当角波门偏离目标一定角度后,挖空位置再回到雷达信号包络峰值最大处,然后周而复始以上过程。通常缺口宽度是雷达跟踪角波门宽度的一部分,缺口移动范围不超过雷达角波门允许跟踪的最大范围。由上分析可见,其综合干扰效果与角波门拖引干扰类似,使角波门来回摆动,角度跟踪系统无法稳定正确地跟踪目标角度,从而不能连续正确地给出角度数据。

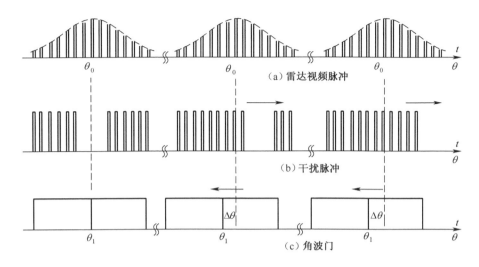

图 2-73 同步挖空干扰原理

(二) 对隐蔽式(或跟踪状态)边扫描边跟踪角跟踪系统的干扰

以上讨论的是对暴露式边扫描边跟踪系统的干扰方法。对隐蔽式边扫描边跟踪角跟踪系统干扰要困难得多,因为隐蔽式边扫描边跟踪雷达发射的是连续等幅脉冲序列,从中不能得到目标角度信息,也不能获得线扫天线的扫描规律等。

1. 方波干扰

对隐蔽式线性扫描角跟踪系统的干扰,只有事先确知要干扰的雷达是边扫描边跟踪雷达,并且知道有关参数后才有可能。例如已知雷达天线作线性扫描,周期为 T_a,扫描范围为 $\Delta\theta=\theta_2-\theta_1$,波束宽度为 θ_a,则可计算得到回波脉冲群宽度为:$\tau_N=\theta_a \cdot T_a/\Delta\theta$。然后产生周期为 τ_N 的脉冲,如图 2-74 所示。用此周期脉冲对接收到的雷达射频脉冲进行调幅,将已调波辐射出去为雷达所接收,便能对边扫描边跟踪雷达进行干扰。实验证明这种干扰具有良好的干扰效果。

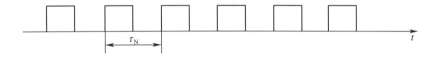

图 2-74 τ_N 周期的脉冲群干扰的脉冲调制波形

2. 随机挖空干扰

随机挖空干扰的波形也是与雷达信号参数相同的连续等幅射频脉冲序列,但以已知的线扫雷达的天线扫描周期 τ_N 为周期,在 τ_N 周期内随机改变挖空

(缺口)的位置。随机挖空干扰的脉冲波形示意图如图2-75所示。其干扰效果可使雷达跟踪的角波门随机摆动。因为不知雷达目标的角度位置,所以随机挖空干扰的针对性差,干扰捕捉角波门的捕捉率降低,一般来说干扰效果低于同步挖空干扰。但这种干扰样式实际中常用。

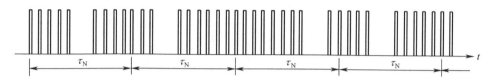

图2-75 随机挖空干扰波形示意图

3. τ_N 周期变化的脉冲群干扰

τ_N 周期变化的脉冲群干扰,亦称随机方波干扰和扫频方波干扰。如果周期 τ_N 无法知道,干扰样式可用变周期的方波来调制接收到的雷达所辐射的射频脉冲。周期的变化范围应大于线性扫描雷达可能的脉冲群宽度范围。变周期调制方波的波形如图2-76所示。方波周期的变化规律可以是随机的,也可以有规律的。图中所示为周期线性变化的情况。对隐蔽线扫雷达的干扰为角度误差信息的杂乱方波扰动,其效果是雷达跟踪系统工作状态的不稳定和跟踪误差的随机起伏。

图2-76 周期线性变化的脉冲群干扰的调制波形

第三章 反目标隐身
——科索沃战争中击落F-117A战机

科索沃战争,是一场由科索沃民族矛盾直接引发,在以美国为首的北约推动下发生在20世纪末的一场高技术局部战争。虽然战争以南联盟军队被迫撤出科索沃地区结束,但在战争开始仅4天的时间,美军第一代隐身战机F-117A就被南联盟军队用萨姆-3导弹击落,打破了隐身战机不可战胜的神话。

第一节 背景介绍

历史上科索沃曾是中世纪塞尔维亚王国的政治和文化中心,奥斯曼帝国入侵后,塞尔维亚人(简称塞族人)大批迁离科索沃,而阿尔巴尼亚人(简称阿族人)则大量迁入。第一次世界大战后,科索沃重新成为南斯拉夫的一部分。第二次世界大战后(1945年),科索沃随塞尔维亚进入南联邦,并于1974年获得塞尔维亚共和国自治省的地位。科索沃地区的居民主要是阿族人(占人口的90%),但掌权的却是塞族人,两者关系几十年来一直非常紧张。

千百年来,科索沃塞族人信仰东正教,阿族人信仰伊斯兰教。宗教信仰的不同使得塞族与阿族的矛盾长期存在。20世纪90年代初,科索沃阿族人乘南斯拉夫社会主义联邦共和国解体之机,宣布成立"科索沃共和国",并组织武装力量"科索沃解放军",企图用武力手段达到独立的目的。南联盟对阿族分裂势力采取强硬手段,坚决镇压阿族势力的武力活动。1998年年初,南联盟警察和军队与"科索沃解放军"在科索沃的军事对抗行动进一步升级,引发科索沃危机。

1998年以美国为首的北约乘机插手科索沃,决定军事干预科索沃地区的暴力冲突,逼南联盟妥协与让步,扫清北约东扩的障碍,同时将俄罗斯势力完全挤出巴尔干地区。为此,北约理事会开始准备对南联盟实施空中打击。

1998年11月19日,北约决定与南联盟进行最后的谈判,并表明,如果南联盟总统米洛舍维奇拒绝接受解决科索沃问题的方案,就将对南联盟实施空中打击。1999年2月6日,在法国巴黎西南部的朗布依埃,由英国外交大臣鲁宾·库克和法国外长于贝尔·韦德里纳联合主持和平谈判,形成了"朗布依埃协议"。但南联盟拒绝接受该协议,坚决不同意北约军队进驻科索沃,认为这意味着对南联盟的军事占领。3月18日,以米洛舍维奇为首的南联盟政府为维护国家和民族尊严,拒绝在"朗布依埃协议"上签字。至此,北约战争机器开始启动。

1999年3月24日,北约秘书长哈维尔·索拉纳在布鲁塞尔宣布,由于"最后外交努力"失败,以"保护人权"之名,对南联盟发动了代号为"联盟力量"的空袭行动,科索沃战争爆发。

科索沃战争从1999年3月24日开始至6月10日结束,共计78天,主要作战方式为大规模空袭。以美国为首的北约凭借占据绝对优势的空中力量和高技术兵器,对南联盟的军事目标和基础设施进行了连续78天的轰炸,造成约1800余人死亡、6000余人受伤、12条铁路被毁、50座桥梁被炸、20所医院被毁、40%的油库和30%的广播电视台受到破坏,经济损失共达2000亿美元。

第二节 F-117A 被击落的过程

科索沃战争中,美军投入各型飞机数百架。其中F-117A隐身战斗机(代号"夜鹰")24架,这也是该机第三次参加战争行动。驻守在意大利阿维亚诺空军基地的F-117A隐身战斗机,从3月24日至6月9日,参加了北约对南联盟的78天空袭作战行动,每次攻击基本都有F-117A飞机参加。

在空袭第四天,即1999年3月27日傍晚,北约空军对南联盟发动了第四轮空袭。以F-117A隐身战斗机为主组成的40架飞机编队于当日下午由意大利阿维亚诺空军基地起飞,飞经亚得里亚海、波黑等地上空,飞行距离约750千米,执行对南联盟的轰炸任务。其中1架F-117A向南联盟首都贝尔格莱德目标投下了1枚重908千克级的激光制导炸弹。当地时间晚20时45分左右,这架"夜鹰"战机飞过贝尔格莱德西北约60千米的上空,正掉转机头准备返回基地,当飞机经过山峦起伏的危险地带时,突然,1枚苏/俄制萨姆-3导弹腾空而起,橘黄色的火焰升上黑暗的天空,导弹在离这架蝙蝠形飞机几米的地方爆炸,飞机随即失去控制,像"落叶"一样飘落下坠。飞行员Dale Zelko上尉靠自动装置弹出驾驶舱,跳伞落地后,他落在离飞机坠毁的地点以西约16千米的地方,着陆后迅速掩埋了降落伞并在附近躲藏了起来。之后,他每小时整点发出一次超高频求救信号,通过一种特殊的无线电装置与营救小组取得了联系,经过约7个小时的营救,飞行员Dale Zelko上尉被成功救出。

一、南联盟的防空力量

面对北约的大规模空袭,仅有两个歼击飞行团的南联盟空军(204团和83

团,装备14架米格-29、2架米格-29教练机和44架米格-21),难以实施有效的防空作战,这种情况下,防空任务主要由地面防空部队承担。

南联盟地面防空部队的主力是空军第250防空旅,其前身为第250防空导弹团,成立于1962年,最初任务是负责首都贝尔格莱德的防空,主要配备萨姆-2导弹,当时编为4个防空导弹营外加1个技术保障营。1980年开始换装更先进的萨姆-3导弹。1992年,驻扎斯洛文尼亚装备萨姆-3导弹的南人民军第350防空团因当地宣布独立被迫撤回南联盟,于是两支部队合并为第250防空旅,并提前退役了老式萨姆-2导弹①。

图3-1　第250防空旅臂章,中间是萨姆-3导弹

1992年5月,随着新南联盟共和国成立,第250防空旅作为防空部队主力并入南联盟空军与防空军。至1999年战争爆发时第250防空旅共拥有3个装备萨姆-3导弹的防空营和5个装备萨姆-6导弹的防空营,拥有几千枚苏/俄制地对空导弹②。其中3个萨姆-3导弹营包括16个萨姆-3导弹连,每个连配备数个导弹发射架和导弹制导雷达;5个萨姆-6导弹营,每营辖制5个导弹连,总共25个有雷达制导的导弹连,共60辆发射车。这些雷达制导的地空导弹周围部署了113~130部机动式萨姆-9导弹发射车(图3-2)和17部萨姆-13红外制导导弹履带式发射装置,以及大量萨姆-7(500部)、萨姆-14、萨姆-16等便携式红外制导导弹(共计230部)。

开战时,第250防空旅(下辖8个营)部署在贝尔格莱德地区,如图3-3所示。其中450团部署在克拉列沃地区(下辖3个营),在下图以圆点标出,其余为共计下辖20个连的5个萨姆-6营,以三角形标出。第250防空旅在战争初

---

① 有资料显示萨姆-2退役时间为1999年科索沃战争爆发前。
② 也有资料显示当时第250旅还下辖3个萨姆-2导弹营,但从作战情况看,这些萨姆-2导弹应该已经退役。

图 3-2　南联盟的萨姆-9 防空导弹

期的萨姆-3 固定阵地如图 3-4 所示。

▲萨姆-6阵地　●萨姆-3阵地

图 3-3　南联盟防空导弹部署

尽管南联盟防空体系使用的装备和技术大多是 20 世纪 60 年代的,但部分部件已有改进,而且操作员训练有素,不仅熟知美军战术,还能娴熟地操作防空武器,他们比波斯尼亚塞族人更能挖掘武器的潜能。除此之外,南联盟地区的丘

图 3-4　第 250 防空旅部署于贝尔格莱德—雅各沃的萨姆-3 固定阵地

陵地带和气候条件对防空作战也非常有利。

此外,南联盟的萨姆-3、萨姆-6 导弹配备了近百部雷达,大部分雷达都有地下电缆和光缆相连接。防空体系都配有对空观察网,北约作战飞机从欧洲基地起飞即被南联盟观察哨发现。南联盟防空专家几个月前就在贝尔格莱德与伊拉克防空专家进行了长期交流,研讨北约可能的空中进攻方式①。根据索尔克·贝吉科将军(波斯尼亚穆斯林联盟空军司令,空中作战开始时组织南联盟防空作战)所述,抗击北约飞机的最有效战术是在 3000 米以下,运用防空高炮、萨姆-7 红外地空导弹及瑞士制造的便携式"博福斯"高射炮。

1995 年曾指挥攻击波斯尼亚"蓄意力量"行动的美国空军参谋长迈克尔·赖安将军,在战前议会组织的宣誓会上,评估南联盟多层防空体系时坦然承认:"这些家伙很出色",友军飞机的损失是"不可避免的"。赖安将军又指出:南联盟防空体系"具备很强的作战潜能",南联盟拥有"专业化的陆军和防空部队"。由于对南联盟防空体系坚固性的评价很高,据说美国五角大楼作战计划制定者在开战当夜估计,北约在第一波空袭中将损失约 10 架飞机。

二、北约的进攻

科索沃战争爆发之初,以美军为首的北约空中力量依仗先进的技术,挟海湾战争胜利的余威,气势汹汹地从空中杀向南联盟,打算在极短地时间内迫使对方

---

① 有消息称南联盟和伊拉克在科索沃危机之前就有过交往,伊拉克在冷战期间、"沙漠风暴"行动之前就购买了南联盟防空武器系统。

屈服,甚至狂妄的叫嚣:要把南联盟炸回到石器时代。

为了达到战争目的,北约投入了强大的空中打击力量,不但有F-15/16和F-117A等一线作战飞机,还包括E-3"望楼"预警机、EA-6B"徘徊者"电子战飞机,更有部署在南联盟边境的各类电子监听站,且亚得里亚海上还有北约电子侦察船活动。他们对南联盟实施24小时不间断高强度电子侦察与电子干扰,加上空中有反辐射武器威慑,南联盟防空雷达不敢随意开机,以免被对方定位打击。北约的进攻路线和空袭目标分布分别如图3-5和图3-6所示。

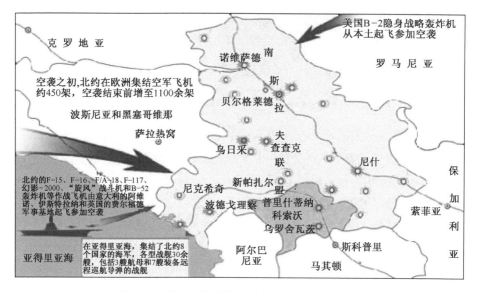

图3-5 科索沃战争中北约的进攻路线示意图

为摧毁南联盟防空系统,美军高度重视反辐射攻击。在科索沃战场上,美军的反辐射战术与越战时期没有什么两样,分为防空压制(Suppression of Enemy Air Defenses,SEAD)和防空摧毁(Destruction of Enemy Air Defenses,DEAD)两部分。SEAD战机(图3-7)携带电子对抗吊舱和"哈姆"反辐射导弹(图3-8),专司搜索南联盟军队地面防空雷达信号,一旦发现马上发射反辐射导弹进行压制攻击,迫使雷达关机,然后由后续DEAD战机用集束炸弹或激光制导炸弹摧毁对方防空阵地。在消耗大量"哈姆"导弹却收效甚微之后,美军索性把SEAD战机与DEAD战机混编,SEAD战机在发射反辐射导弹攻击后立即把对方防空阵地的大致位置通报给就近DEAD战机。DEAD战机直接使用LANTRIN吊舱的红外成像搜索并用激光制导炸弹攻击摧毁防空阵地,如图3-9和图3-10所示。

但或许是低估了南联盟防空系统的战斗力和南联盟军队的抵抗意志,美军表现得有些轻敌。按照战后一些南联盟军队指挥员的回忆,首先美军飞机的攻

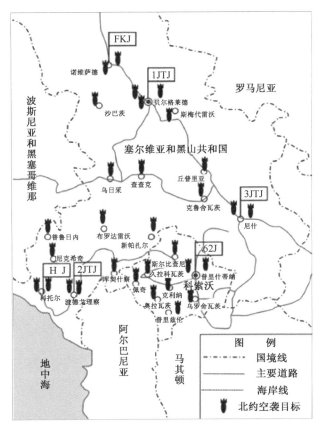

图 3-6 北约轰炸南联盟时空袭目标示意图

图 3-7 科索沃战争中执行 SEAD 任务的 F-16CJ 战斗机

击、撤离线路比较固定,容易被南联盟军队摸清规律打伏击;有时美军的电子干扰机不到位,导致美军攻击机群在没有电子干扰掩护的情况下贸然进攻;甚至部分美军飞行员不遵守"无线电静默"规定,使用明语通话,被南联盟军队轻易侦

图 3-8　AGM-88(上)可被视为 AGM-45"百舌鸟"(中)的放大型

图 3-9　DEAD 机用 LANTRIN 吊舱发现 250 防空旅 1 营位于班诺维奇地区的阵地照片

听到。

反辐射导弹是地面雷达的噩梦,从越南战争起美军就大量使用"百舌鸟"反辐射导弹攻击越南防空导弹阵地,迫使对方不敢随意开机。到科索沃战争时美军的制式反辐射导弹早已升级为先进的"哈姆"反辐射导弹。与"百舌鸟"相比,"哈姆"的射程远、威力大,体积却不比"百舌鸟"大多少,美军当时主力战机都可携带"哈姆"执行反辐射任务。但最大的问题却出在"哈姆"的导引头上。众所周知,反辐射攻击的关键在于对对方雷达的精确定位,绰号"大号酒瓶"的"哈姆"反辐射导弹采用的是被动导引头;导引头内安装有 4 个偏心等臂对数螺旋天线,根据 4 个天线的接收信号强度差来实现定位。弹径 254 毫米的"哈姆"最

图 3-10 北约 DEAD 机用激光制导炸弹对 250 防空旅 1 营阵地攻击后的照片

大、最小可探测波长分别为 0.7 米和 1 厘米,基本覆盖了 UHF 波段。而老式的苏制 P-18 远程搜索雷达的波长偏偏在 VHF 波段,不但不在"哈姆"的探测范围内,就连当时北约战机上安装的雷达告警接收机都难以实施有效探测,于是南联盟军队启用 P-18 雷达放心大胆地开机搜索目标。更严重的是由于 P-18 雷达系长波雷达,具备发现 F-117A 隐身战机的能力,为日后击落 F-117A 打下伏笔。

三、南联盟军队的对策

战争打响后,南联盟第 250 防空旅马上转入战时状态,各营分散隐蔽,避敌空中打击。在作战初期,南联盟的固定地空导弹阵地遭到了北约的精确打击,造成部分损失,如图 3-11、图 3-12 和图 3-13 所示。

为此,南联盟防空力量实施分散部署、机动作战,如图 3-14 所示。并努力缩短己方防空导弹系统部署与撤收时间,由最初 90 分钟缩短到不到 1 个小时。为了进一步缩短时间,甚至把萨姆-3 导弹发射架数目由最初 4×4(4 部发射架,每部安装 4 枚导弹)减少到 2×2(2 部发射架,每部安装 2 枚导弹)。这样不但缩短了导弹部署和撤收时间,而且防空系统部署更加分散且不易遭到对方集中打击。

面对北约的空袭,南联盟军队防空部队组织实施高强度机动,如图 3-15 所示。击落 F-117A 的南联盟第 250 防空旅第 3 营在 78 天的战斗中行程约 10 万千米,且几乎都是在夜间灯火管制的情况下进行的。

南联盟防空部队在任一时间都保持 3~4 个营值班、3~4 个营机动转移阵地

图 3-11　空袭前(左)后(右)科索沃西南普里什蒂那的预警雷达设施

图 3-12　空袭前(左)后(右)奥布罗瓦的萨姆-3 导弹阵地

的战术态势。值班各营在分片、分时跳跃开机和雷达诱饵掩护下,与高炮部队协同作战,严格控制电磁信号暴露。虽然单次作战时间较短,但能对防区内的目标始终构成威胁并取得战果。有时,南联盟防空部队将防空导弹系统隐蔽在居民区等敏感目标附近,以躲避北约的打击,如图 3-16 所示。

　　为了充分发挥己方武器装备的作战效能,从北约空袭一开始,南联盟防空部队就企图将北约飞机吸引到较低高度,进入其便携式防空武器(图 3-17)和防空高炮的射击范围之内。南联盟常用的战术是对攻击编队解散后的最后一架飞机开火,认为这些飞机已无法得到其他战斗机的掩护,而且通常由缺乏经验的飞行

图 3-13　被摧毁的萨姆-3 引导车外部(左)和内部(右)损毁情况

图 3-14　南联盟的萨姆-3 导弹机动阵地

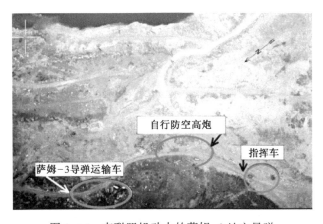

图 3-15　南联盟机动中的萨姆-3 地空导弹

图 3-16　隐蔽在居民区的萨姆-6 导弹

员驾驶,油量少,进行机动的范围很小。

图 3-17　南联盟士兵准备发射便携式防空导弹

事实证明,南联盟的便携式防空导弹对低空飞行的飞机的确具有较大威胁,击伤了多架低空飞行的飞机,如图 3-18 所示。

在科索沃战争中,北约共发射了 1000 多枚 AGM-86C 和 AGM-109C 常规巡航导弹,由于其飞行速度低,航路相对固定,弹体易被毁伤等,南联盟部队充分利用萨姆-18"针"式防空导弹反应快、射速高、击毁概率高等特点,采用弹炮结合,伏、截等方法,共击落 238 枚巡航导弹,如图 3-19 所示。南联盟军队称,拦截巡航导弹最好的武器就是"针"便携式防空导弹。

为应对北约对防空系统通信链路的打击,南联盟通过大范围的地下指挥网及大量置于地下的电缆和移动通信中心使北约的打击变得困难重重。南联盟还将雷达进行联网,即所谓的融合雷达输入,可将从北端截获的北约飞机目标数据

图 3-18　被南联盟防空导弹打烂整个右发的 A-10A(81-1967)

图 3-19　被南联盟防空导弹击落的 AGM-86C(左)和 AGM-109C(右)

传递给南端某地面防空雷达。这种网络化可使位于南部的作战中心向边远地区没有部署雷达的防空武器(包括便携式地空导弹和防空高炮)提供信息。这从另外一个侧面解释了为什么作为地空导弹"杀手"的 F-16CJ 和 EA-6B 常常毫无战果,因为这些飞机挂载的高速反辐射导弹需攻击雷达来达到目的,而南联盟有些地空导弹营附近根本就没有雷达。为此美国海军驻阿维亚诺空军基地的 EA-6B 分队指挥官认为,压制敌防空行动不能仅仅靠单一的战术摧毁敌系统。他说:"如果我们想干扰南端的某一个辐射源,敌人也许在北端还有一个,而且它们之间通过通信链路和地下电缆连接。他们是'地头蛇',知道在何处藏身。"

在对付北约的反辐射导弹威胁上,南联盟地空导弹部队对辐射的控制达到了苛刻的程度,每次搜索、攻击雷达开机时间限制在 20 秒内①,必要时以关机应对,降低了被反辐射导弹锁定的概率。南联盟的这种"近、快战法"取得了很好

---

① 这条规定看似严苛,但后来被证明非常必要:战争中有部分防空单元因为过于频繁开关机且没有及时转移,结果遭到美军发射的"哈姆"反辐射导弹攻击,造成装备损失和人员伤亡。

的效果。北约为了攻击机群安全，不得不采取先发制人方式：经过威胁地带时，在敌防空导弹雷达尚未开机的情况下，向推断它们可能存在的方向发射大量高速反辐射导弹，其数量大约超过所发射反辐射导弹总数的一半①。尤其是在贝尔格莱德地区，像这样的发射屡见不鲜。然而，虽然抢先发射高速反辐射导弹看似是一种有效的、必然的战术，但它的效率并不高，许多高速反辐射导弹发射后并没有起到什么作用，造成巨大浪费——每枚高速反辐射导弹的造价在25万美元左右。另外，抢先发射高速反辐射导弹还存在误伤友军的风险。如果没有防空雷达的辐射为高速反辐射导弹进行引导，那么它就有可能锁定友方辐射源并摧毁错误的目标。据美国空军迈克尔·肖特中将说："抢先发射高速反辐射导弹，就像一条睁开双眼却没有看到任何猎物的'疯狗'。在科索沃战争中，至少有6枚导弹误射到保加利亚境内。"如图3-20所示。

图3-20 专家在检查落入保加利亚的导弹

南联盟的战争实践表明，关机依然是对抗反辐射导弹的有效措施，连美军自身也承认，"哈姆"导弹最大的问题是不能对付突然关机的雷达。如在"联盟力量"行动中出现了这样的战例：北约战斗机对1部南联盟雷达目标累计发射约100枚"哈姆"导弹都未能将其消灭，最后该雷达却被1枚英国的"阿拉姆"（ALARM）反辐射导弹摧毁，因为该导弹发射后可以打开自带的降落伞，在空中等待敌方雷达开机。

---

① 在前期"谨慎力量"行动中所使用的56枚导弹中就有33枚是这样发射的。

南联盟还利用反辐射诱饵来诱骗北约的反辐射导弹。他们用旧米格-21①雷达的 RP22 磁控管、旧 P-15"冥河"岸舰导弹的雷达磁控管、旧萨姆-3 系统 V601P 导弹近炸引信为"低击"制导雷达应急组装了雷达诱饵 IRZ,对来袭的反辐射导弹进行欺骗,如图 3-21 所示。

图 3-21　南联盟制作的简易 IRZ"低击"制导雷达诱饵和苏制制式雷达诱饵

南联盟技术人员把这些改装的无线电诱饵布置在阵地四周,由于这些无线电诱饵发射的无线电信号和已知苏/俄制地空导弹制导雷达信号特征十分接近,北约战机为消灭它们发射了大量"哈姆"反辐射导弹,结果真正的防空制导雷达却安然无恙。不仅如此,老式的萨姆-2 防空导弹使用的"扇歌"制导雷达也被当成假目标部署在南联盟军队基地周围,诱使北约战机向它们倾泻了大量弹药。在持续 78 天的空中打击中,"哈姆"反辐射导弹的战绩惨不忍睹:以攻击威胁较大的萨姆-3 导弹阵地为例,北约共发射反辐射导弹 208 发,仅摧毁南联盟军队雷达 5 部,命中率 2.4%。在南联盟军队真假难辨的欺骗战术面前,北约战机屡屡扑空。

对于遭受反辐射打击已经损坏的雷达,南联盟则加强了修复的力度,尽快让其回到战场,如图 3-22 所示。

南联盟防空部队的对抗中最为精彩的是首次击落了美军的 F-117A 隐身战斗机。南联盟利用隐身飞机对较长波长雷达隐身效果相对较差的弱点,通过"匙架 B"(P-18)雷达进行目标搜索和指示,针对 F-117A 航线相对固定的疏

---

①　据悉,1991 年海湾战争爆发前,伊拉克萨达姆政权把一批米格-21 战斗机交给当时的南联盟进行现代化改装,战争爆发后这批飞机一直被南联盟扣留。

图 3-22　被反辐射导弹破坏的萨姆-3 导弹雷达,两周后修复

忽,将多个萨姆-3 导弹连运送到 F-117A 飞行路线上的几个阵地上。为隐蔽,这些雷达既没有进行调试发射,也没有进行最低限度的空载校准,加上训练有素的操作人员,最终一举击落 F-117A,获得了巨大的宣传价值,如图 3-23 所示。

图 3-23　美国空军退役中校 Mike McGee 绘制的航空画:Dale Zelko 被击中前的瞬间

战争结束一段时间后,一位南联盟防空导弹武器专家就击落 F-117A 一事接受采访时表示:"事实上我们使用了旧式的 P-12[①] 型米波雷达和萨姆-3 旧式地空导弹,后者经由我们自己改良,主要的改良之处在于导弹发射之后,可以在相当长一段时间内不采用无线电指令,这样对方很难发现地面制导系统的确切位置并实施干扰,随后在雷达发现萨姆-3 导弹接近目标之后,再实现无线电指令引导,缩短了指令引导时间,这样可以避免受到电子干扰,这是至关重要的!

---

①　实际上为 P-18 雷达。

换句话说,击落F-117A的主要有利因素是旧式米波雷达准确地发现了目标,同时最大限度缩小了无线电指令时间。"

另外,南联盟防空部队的地空导弹操作手们尽可能采取消极电子光学跟踪而不是主动雷达搜索的方式进行作战,也大大减少了被北约侦察、干扰和反辐射攻击的概率。

除了上述措施,南联盟还把隐真示假工作作为地空导弹部队生存的重点之一,部署了大量的假目标,如图3-24所示。

图3-24 南联盟的萨姆-9假目标

南联盟的这些对抗措施取得了巨大成效,虽然力量悬殊,但北约从未完全压制住南联盟的防空系统。北约在南联盟作战的飞机也总是处于南联盟萨姆-3和萨姆-6导弹威胁之中。由于受到持续威胁,任务制定者被迫使用昂贵的情报、监视和侦察平台,如U-2和"联合星",且让它们在不太理想的高度上盘旋,以避免遭受敌地空导弹致命的攻击。甚至在作战的最后一周,北约发言人不得不承认,在南联盟25个移动的萨姆-6防空导弹连中,只有3个被确认已彻底摧毁。

对这个问题,在美国高级空战计划人员中意见尚不一致。战后,美国海军上将詹姆斯·埃利斯警告说:"经78天的艰苦作战后,我们对现代的一体化防空系统的毁伤很小。"美国空军驻欧总司令约翰·江柏空军上将不同意这个意见,他指出:"我们确实击中了很大比例的萨姆-6(雷达),但那并不说明米洛舍维奇没有导弹可发射了。南联盟肯定有很多导弹,但他没有多少可用的雷达。最后结果是我们拥有足够的空中优势,可以在这个国家随意飞行并对任何我们想要攻击的目标投掷炸弹。据我看,这是相当成功的。"

南联盟所采取的对策,除了在装备和训练上做了很多的工作外,指挥员的素养也是一个非常重要的因素。比如,Zoltan Dani——前南联盟上校(图3-25),当时系第250防空旅下辖某萨姆-3导弹营营长。战前为全营制定了严格的制导雷达开关机规定：要求在一地开机跟踪最长时间不得超过2×20秒（两次开机，每次开机时间不超过20秒），一旦超过规定时间，无论是否发现目标或被对方发现都必须立即转移阵地。这条规定看似严苛，但后来被证明非常必要：战争中有部分防空单元因为过于频繁开关机且没有及时转移，结果遭到美军发射的AGM-88"哈姆"反辐射导弹攻击，造成装备损失和人员伤亡。

图3-25　时任南联盟第250防空旅下辖某萨姆-3导弹营营长Zoltan Dani上校

在如此复杂残酷的环境下工作需要过硬的心理素质，为了锻炼雷达操作手的心理承受能力，Zoltan Dani上校自制了一套无线电信号模拟器，让雷达操作手体验战时环境下操作雷达的感觉。后来有多名雷达操作手因心理素质不过关被调离岗位。

在发射导弹的时机上，Zoltan Dani上校也动了不少脑筋。他没有选择敌机来袭的时候进行拦截，而是等敌机投下弹药后掉头向北飞离南联盟领空时才进行拦截。因为刚深入南联盟领空的时候，北约飞行员注意力高度集中生怕遭到地面炮火攻击，等完成任务后他们急于离开战区往往慌不择路，所以警惕性很低。另外敌机越往北飞距离掩护他们攻击的电子干扰走廊越远，越有利于南联盟军队地面雷达瞄准攻击。

四、击落"夜鹰"那一晚——南联盟军队的回忆

1999年3月27日——这一天应该永载于世界防空作战史上。Zoltan Dani上校打破自己制定的作战规则一举击落了1架F-117A"夜鹰"隐身战斗机。

战前他不但提前获知了亚得里亚海当天的天气变化，部署在意大利阿维亚诺空军基地附近的南联盟情报人员也提前通报了一个重要情况：受天气原因影

响,EA-6B"徘徊者"电子战飞机和"野鼬鼠"战机当晚不会出动①,只有 F-117A "夜鹰"隐身战斗机利用隐身技术和夜色掩护单枪匹马空袭南联盟②。

当地时间晚 19 点 05 分,Zoltan Dani 营的 P-18 远程搜索雷达因故障暂时关机,几乎与此同时,4 架"夜鹰"隐身战斗机从意大利阿维亚诺空军基地起飞,目标直指贝尔格莱德。19 点 50 分,P-18 远程搜索雷达恢复正常,开始发射低频信号探测目标。晚 20 点 40 分,美军 Dale Zelko 上尉驾驶机尾编号 82-0806 的"夜鹰"与另 3 架友机正一路向北飞行时终于被南联盟军队地面雷达发现。Zoltan Dani 营启动"低击"制导雷达对目标进行精确跟踪,但在两次 20 秒钟的时间里都没能有效锁定目标。

此时 Zoltan Dani 上校下令第三次开机搜索目标,此举违背了自己之前制定的原地雷达开机不得超过两次的规定,但考虑到当晚北约空中力量缺乏实施反雷达战斗准备,这个举措还是可以接受的。这次开机终于准确捕获了"夜鹰"行踪——目标距离发射阵地 13 千米,飞行高度 8 千米。两枚萨姆-3 导弹立即升空拦截敌机。其中第一枚导弹掠过"夜鹰"却没有爆炸,但导弹带来的强大气流一下子扰乱了"夜鹰"的飞行状态。第二枚导弹就在"夜鹰"身旁爆炸,飞机严重受损并陷入尾旋,飞行员紧急跳伞逃生。失去控制的"夜鹰"坠毁在一片农田里并燃起熊熊大火。事后人们根据敌机残骸分析,被击落的是一架 F-117A 隐身战斗机(图 3-26、图 3-27)。

图 3-26 坠落在农田里的 F-117A 残骸

---

① 也有资料显示,EA-6B"徘徊者"电子战飞机并非未出动,而只是由于数量有限,主要用于支援 F-16 等非隐身战斗机的作战行动。

② 也有资料显示,同时出动的还有 F-16 战斗机。

图 3-27　南联盟军民与 F-117A 残骸合影

关于整场战斗的详细过程,南联盟第 250 防空旅 Djordje S. Anicic 中校在自己的回忆录中有更详尽的描述:

交班时间快到了,本营射距内没有目标,射距外的不同方位有多批空中目标。Stoimenov 少校站起来把座位让给我,递上与旅指挥所联系的耳机后站到战术控制长身后,其余人仍在战位上,他们都是我值得信赖的战友。

我即将接替一会儿下班的 Zoltan Dani 上校成为下一班指挥员。按照惯例,我和 Zoltan Dani 上校简报了各自工作近况,Dani 上校看起来在 8 小时当班后有点昏昏欲睡。制导雷达开着高压未开天线。突然间我发现警戒雷达屏幕方位 195 距离 23 千米有一个目标(Zoltan Dani 上校在系统上作了手脚,把易被 HARM 攻击的 P-15 搜索雷达换成了 HARM 无法定位攻击的 P-18 搜索雷达),雷达下一轮扫描清楚显示一空中目标正向我营阵地飞来。我对 Zoltan Dani 上校说:"Dani,那家伙向我们靠过来了!" Zoltan Dani 上校睁开眼,面无表情地盯着警戒雷达屏。雷达显示目标继续向我营靠近,进至 14~15 千米了,Zoltan Dani 上校下令:"方位 210,开机搜索!"作为副指挥员,我下令"对准方向,制导雷达开天线!"指令长指挥着火控摇过天线:"左,左,停!高,高,停!开天线!",猫抓老鼠的好戏开始了,比的是谁更快更熟练!战术控制长几乎是同时转动着三个手轮寻找着目标,时间过去了 10 秒,战术控制长仍未截获目标,制导雷达电磁辐射暴露时间太长了,我下令"停,关天线!",过了一会儿,Zoltan Dani 上校再次下令:"方位 230,开机搜索!"引导车内空气骤然紧张起来,这次战术控制长在他的双屏上看到目标了,没等战术控制长把十字线压上目标进入稳定跟踪,目标拼命机动溜出了战术控制长的双屏。战术控制长将手轮又推了回去,制导雷达电磁辐射再次超时,我只好下令"停,关天线!"。

几秒后,Zoltan Dani 上校再次下令:"方位 240,开机搜索!"战术控制长再次很快发现目标并报告目标在剧烈机动,战术控制长将手轮拉出又推回弄得滴哒响,目标没压上! 就在我正要下令关天线的时候,跟踪手 Dragan Matic 直嚷嚷:"快! 快! 我看见它啦",他兴奋地摇动着手轮,试图将目标拉到屏正中,他成功了! 战术控制长迅速将十字线压上目标"捕获目标!"。副战术控制长报告"目标呈强雷达截面",我转向 Zoltan Dani 上校"会是诱饵机吗?"我想起了海湾战争中美军在无人机上装角反射器引诱制导雷达开机暴露然后从旁瓣发动攻击的战例。Zoltan Dani 上校未及回答,战术控制长 Muminovic 报告:"跟踪稳定,目标继续接近,距离 13 千米",跟踪手报告:"跟踪稳定",Zoltan Dani 上校果断下令:"摧毁目标,三点法,发射!",战术控制长应声按下发射键,车外传来助推火箭发动机的巨大轰鸣声,引导车在微微晃动,"首发离架! 进入制导",5 秒后,"第二发离架!"……,跟踪手继续跟踪目标,我站起来盯着战术控制长的左屏观看最后几千米的情况,导弹与目标交会处绽出一片清晰的小雪花,"命中目标! ……摧毁时间 20 点 42 分(备注:当地时间)"。

我们从 6 千米高度发现目标,目标最后规避机动至 8~10 千米高度,最后一次搜索攻击,全程 23 秒。

空中恢复了平静,一个目标也没有了。第 250 防空旅指挥所技术部 Janko Aleksic 少校打来电话,我详细报告了作战经过、制导方式、销耗弹药、引信设定、目标航迹等。"打得漂亮,经典之作!",Aleksic 少校发出由衷赞叹! 图 3-28 所示为 Zoltan Dani 上校和 F-117A 残骸的合影。

图 3-28 Zoltan Dani 上校和 F-117A 残骸的合影

五、逃生——美军飞行员的回忆

被击落的"夜鹰"战机由美军飞行员 Dale Zelko 上尉（图 3-29）驾驶，他是一名经验丰富的老飞行员，参加过"沙漠风暴"行动。在这次行动中他亲眼看到两枚导弹向他袭来。第一枚导弹从他面前掠过但没有爆炸，导弹尾焰产生的冲击波让飞机剧烈抖动。第二枚导弹结结实实地爆炸了，一下子把"夜鹰"炸的失去了控制，在空中翻起了跟头。导弹爆炸产生的火光甚至连远在波斯尼亚上空飞行的一架 KC-135 空中加油机机组成员都看到了。

图 3-29 美军飞行员 Dale Zelko 上尉

剧烈的翻滚让 Dale Zelko 上尉承受着巨大过载，他费了好大力气总算调整好姿态并弹射出舱。降落伞刚打开他就启动求救电台发出求救信号。幸运的是 Dale Zelko 上尉很快与那架 KC-135 机组取得联系。之所以赶在落地前发出求救信号，Dale Zelko 上尉也有自己的考虑：一来在空中电台传输距离远；二来落地后可能被南联盟军警捕获，赶在自己被捕前发出信号可以证明自己安然无恙。

飞行员一旦跳伞降落地面就要设法藏身，并且要把降落伞藏起来。然后，他必须找个合适的地方发出求救信号，但是不能暴露自己。因此，Dale Zelko 上尉只在每次整点的时候发出求救信号，取得联系之后，他就向负责营救他的电子战机和救护直升机发送 3 个密码：1 个字母、1 个数字和 1 个词。不过，这 3 个密码每天都要改变。

美国东部时间 1999 年 3 月 27 日下午 3 时，五角大楼接到来自巴尔干前线部队的一份报告：一架 F-117A 隐身战斗机在南联盟上空失踪！

后来，南联盟通讯社传来消息：一架 F-117A 隐身战斗机 27 日晚 9 点时在贝尔格莱德以西 60 千米的地区被南联盟军队击落，随后坠毁在贝尔格莱德以西

40千米处。南联盟电视台还播出了被击落的F-117A隐身战斗机的残骸。从画面上看,飞机的机头和机翼依稀可辨,一片机身残骸上标有"美国空军司令部AF82-806"的字样。它表明被击落的该架F-117A为1982年生产的,飞机编号为806。

F-117A被击落后,美军广泛利用宣传工具进行信息欺骗。他们矢口否认F-117A隐身战斗机被击落的事实,说美军参战的飞机全部返航,以此迷惑南联盟军民,使其弄不清F-117A到底是被击落了,还是带伤返回了,从而放弃对跳伞飞行员的寻找和追捕,起到了淡化和分散南联盟注意力的作用,为营救行动争取了时间。

在一片农田上着陆后,Dale Zelko上尉很快找到一个排水沟躲藏起来。在那里他感到美军B-2隐身轰炸机轰炸贝尔格莱德市郊目标时的巨大震动。所幸尽管南联盟军警和当地村民对该地进行了大搜捕,但他还是成功逃过一劫。

据Dale Zelko上尉回忆说,跳伞时他考虑的是如何在敌后生存。"我知道跳伞地点已深入敌人领土,"他说,"当时我估计自己的位置离贝尔格莱德不到20英里,这令我不安,因为如此深入敌后会给搜索和营救工作带来风险。"F-117A飞行组属于美国新墨西哥州阿拉莫戈多附近的霍洛曼空军基地第49战斗机联队。被击落的那架飞机属于第八战斗机中队。

飞行员Dale Zelko上尉用"猛烈"这个词来描述自己当时从飞机内跳出的情形。"'什么时候该跳伞'是盘旋在每位战斗机驾驶员头脑里的一个问题",他说,"整个事件中我唯一想不起来的片段是我什么时候拉动了跳伞弹椅手柄。也许是上帝握着我的手拉动的。"

飞行员Dale Zelko跳伞时只受了一点刮伤和碰伤,落地后他立即将救生筏和其他救生设备掩埋起来,然后藏身于距降落地点180米的一个浅水沟内。在接下来的几个小时内,他看到了照明灯,听到了狗叫声,心中十分着急。有一条搜索犬曾经距他甚至不到30米。

Dale Zelko希望,北约已展开对他的营救行动,但没有把握。他说:"对被击落的战士来说,不知道将发生什么事是非常令人不安的。你会想:他们知道我在这儿吗?他们知道我的位置吗?营救人员在哪里,都有谁?他们计划怎么办?会在今夜行动吗?……"这位飞行员用无线电与北约保持着联系,但他将信号调至最小,以防被南联盟军队监听到。与此同时,3架有着特殊装备的空军MH-60G"铺路鹰"和MH-53J"铺路微光"直升机,以每小时240千米的速度在树梢的高度上搜索。午夜过后不久,隐藏了3个半小时的飞行员与救援人员联系上了。他告诉救援人员,周围有敌军部队正在迅速向他靠近。待救援小组发现了飞行员后,直升机快速俯冲下来,迅速救起这名飞行员。

有趣的是由于坠毁 F-117A 座舱盖上印着 Ken Wiz Dwelle 上尉的名字,所以媒体以讹传讹地认为 Dwelle 上尉才是真正被击落的飞行员。至于那架名为"邪物"的 F-117A 战斗机,是一位参加过"沙漠风暴"行动的"老兵",到被击落为止已经执行过 39 次飞行任务。多年以后,退役后的 Dale Zelko 上尉回到南联盟和退役后的 Zoltan Dani 上校一起回忆了那段惊心动魄的历史,如图 3-30 所示。

图 3-30　Dale Zelko 上尉对 Zoltan Dani 上校说:"我当时就藏在这里"

第三节　各方对 F-117A 被击落原因的分析

先进的 F-117A 隐身战斗机被当时已经比较落后的萨姆-3 地空导弹击落,激起了包括美国军方在内的世界各类人士的广泛关注。

截至 1999 年 9 月,仍没有明确的迹象表明 F-117A 被击落的真正原因。南联盟声称,F-117A 被击落是由北约内部的间谍所为,这些间谍向俄罗斯总参谋部情报局或军事情报部门提供了北约每日"空袭任务指令"(ATO)的详细情况,后者又把这些情报传送给贝尔格莱德。据推测,这些情报包括 F-117A 预定要攻击的目标(即位于贝尔格莱德以北布贾诺维科的国防研究设施)以及该机预计的飞行路线。这就使南联盟能使用 3 部 P-12 型预警雷达(这种雷达在减少杂波方面已做出改进)来探测沿已知航迹飞行的 F-117A。然而这种说法似乎是南联盟故意放出假情报的典型伎俩,北约人士称,在北约制订的详细"空袭任务指令"(ATO)中,从不包括 F-117A 和美国其他战略飞机。俄罗斯总参谋部情报局声称,在攻击后他们能立即赶到坠毁现场观看并接触到了 F-117A,但这些说法都无法得到证实。

一、美国国防部对 F-117A 被击落原因的分析

1999 年 4 月 19 日,美国《航空和航天技术周刊》披露了美国防部官员的调查意见,印证了 F-117A 被击落的三点原因:①美军未能跟踪判定南联盟地空导弹阵地的位置变化;②空袭初期 F-117A 的飞行航路过于拥挤;③F-117A 出航与返航使用的均为同一条航线。空袭之初 F-117A 主要部署在意大利阿维亚诺空军基地,出航方向单一,当 F-117A 进入南联盟执行轰炸任务时,其弹舱挂载 2 枚 900 千克炸弹,如不进行空中加油,其作战半径为 926 千米。南联盟根据 F-117A 的部署场站、谍报人员报告的起飞时间、飞行航向及与轰炸目标区之间的联系,加上使用远近雷达短时开机接力的方式所获得的情报,预测了 F-117A 到达防空区上空的大致时间,始终保持静默的贝尔格莱德防空部队萨姆-3 导弹的制导雷达在 F-117A 飞临贝尔格莱德以西 60 千米处时突然开机,终于捕捉到并击落了这种最先进的隐身轰炸机。此外,客观环境方面,由于空袭头几天的气象条件恶劣,云层较多较厚,F-117A 为了提高轰炸效果不得不降低高度在云层下飞行,也给南联盟的防空部队提供了有利战机。

美国空军官员仍在就此事进行调查(1999 年 4 月),但是一些早期分析指出,美军至少犯了三个重要错误:没有能够跟踪到对方已经变换的地空导弹发射阵地,电子干扰飞机距离 F-117A 战斗机太远以及该执行突击任务飞机连续 4 个夜晚使用同一航线。

这架隐身飞机是在冲突的第 4 天夜间完成轰炸任务之后在距离贝尔格莱德 30 英里处被击中的。但是,这架 F-117A 飞机被击落则是几件事情综合作用的结果。

(一) 跟踪导弹发射阵地时目标丢失

首要原因是 3 或 4 个萨姆-3 导弹发射装置改变了位置。它们未变换之前的位置是已知的,但是一旦转移,一般只有在其雷达再次发射电磁波的情况下,它们的位置才能被确定。一旦其雷达开机,譬如 RC-135"铆钉"这样的信号情报搜集飞机或电子侦察卫星就能发现它们。在变换阵地后,雷达需要短暂开机以进行校准。但是面对北约快节奏的作战行动,为了达成出其不意的效果,南军雷达操作员宁愿牺牲精度,也不进行短暂的开机校准。

发现隐身飞机的雷达很可能是用于预警的低频雷达。这些远程雷达的操作员随之向近程高频雷达(用于引导萨姆导弹)的操作员发送信号,告知他们美国飞机在空中所处位置。五角大楼的一位分析家指出,到目前为止,南联盟在向北约飞机发射的"几十枚"地空导弹过程中,更多的是依赖光电传感装置而非雷达进行导弹末段制导的。

这位分析家指出,"南联盟的防空系统不是一只纸老虎。他们的操作人员出色,而且可能拥有技术上得到改进的地空导弹和计算能力得到很大提高的雷达。但是美国拥有足以打败他们的世界上训练最有素和装备最精良的军队。"

(二) 作战计划制定不完善

安排这架 F-117A 战斗机连续 4 个夜间从目标区同一条航路退出。一位了解内情的国防部官员说,"他们反复使用了同一条航路。"分析家们还怀疑这架 F-117A 当时是否使用了调整飞机飞行姿态的类似自动驾驶仪的技术,此种技术即便对最具威胁的雷达也可使飞机反射面积减至最小。一位曾经驾驶过 F-117A 的飞行员说,当该机处于某种观测角度时,它,尤其是它的翼尖能反射可被探测到的信号。

这位国防部官员称,"在前 3 个夜晚,南联盟即有能力对 F-117A 退出目标区的航路实施快速跟踪。他们从 1991 年的海湾战争中学习到了不少经验,比如仅仅沿航线部署导弹发射连,然后采用组合探测技术搜索目标并引导导弹飞向目标。"参与分析的其他人指出,南联盟还试图使其雷达在 F-117A 战斗机的武器舱打开之际能有好运气。

一位工业界的隐身技术专家赞同上述分析,指出 F-117A "夜鹰"战斗机尤其容易被上视雷达发现。他认为,"该飞机的机腹简直不具隐身性能。且不论其机腹上粘贴了多少雷达波吸材料,实质上它就是一个平坦表面。只要雷达的辐射功率足够大,就可能接收到其反射回波。"另一位分析家指出,当 F-117A 的武器舱打开时,南联盟还充分利用了 F-117A 战斗机得到增强的反射信号。此种能力是由于可能购自东欧的计算机提高了处理能力所致。

(三) 未有效实施电子战干扰支援

派给 EA-6B "徘徊者"的干扰任务安排不周密,EA-6B 的指定航路距离 F-117A 战斗机 125~160 千米,这一距离限制了它能保护的范围。支援干扰(以掩盖 F-117A 微弱的雷达回波)并未有效发挥其应有作用。不知是干扰飞机出了故障还是被抽调去支援比 F-117A 更为重要的任务。

F-117A 在离开目标时(此时没有进行适时的强烈干扰),南联盟的萨姆-3 导弹连接到指令向该战斗机进行小范围集中攻击。国防部官员说,南联盟防空部队以一种被称作"群射"的方式发射了 3~4 枚导弹。一些分析人士指出,责任不应推卸给按指定位置和指定时间遂行干扰的 EA-6B 机组人员。他们赞同"徘徊者"的指定干扰位置太远而起不到有效作用的分析,认为这是一个使用方面的大错。另外有人指出 EA-6B 飞机为改载反辐射导弹而舍弃了干扰吊舱,这就意味着有时"徘徊者"的机组人员是在侦听敌雷达信号而非连续实施干扰,而且可能接连这样做会进一步削弱其干扰效果。再有,如果 EA-6B 与隐身飞机及它要实施干扰的低频雷达不处在同一条线上,低频雷达可能完全有能力对付F-117A战斗机。

(四) 南联盟交了好运

空军的一位高级官员称,在萨姆-3导弹发射手没有牢牢锁定目标时,他们就向目标齐射。他们能控制导弹弹头在指定高度引爆或使用近炸引信。其中一枚导弹在距F-117A非常近的地方爆炸,爆炸的碎片或弹片毁伤了发动机,造成发动机结构被严重破坏。导弹可能还毁坏了电传操纵面,使本来就不稳定的飞机失去控制。

据报道,该架飞机的飞行员估计他当时承受的抖振负载有5倍的重力,这使弹射几乎成为不可能。他说,"我总是把安全带系得非常紧,但是由于强大的负载,我还是在安全带里晃荡并且必须尽力去触操纵杆。整个事件中不能忘记的一个小片段就是如何去拉操纵杆。"

尽管隐身飞机被人们普遍认为能够单独进入敌防空系统的腹地作战,不过计划人员和战术专家从来没有这样认为。他们知道雷达、尤其经过改进的低频雷达可能发现F-117A飞机。但是如果飞机的飞行航线选择得当,引导导弹的雷达就不会锁定目标长达足以能够确立发射诸元。

美国空军深入调查的两个关键问题是:为什么"徘徊者"没有在它应该所在的时间和地点实施电子干扰? 电子战和信号情报分析人员在跟踪"萨姆-3"导弹连过程中是如何丢失目标的?

关于电子干扰任务分配问题,海军官员对北约持某种批评态度。他们提出的一个中心问题是在空袭行动之初可供使用的EA-6B电子战飞机不多。3个中队一共只有12~15架这种飞机,而其中只有很小部分可随时出动。

一位海军官员称,"有三种情况可以优先得到'徘徊者'电子战飞机的支援。分别是:强烈要求支援的;联合部队空军部队司令想要予以支援的;极需保护的世界上最昂贵的飞机。"

空军一位官员则称,"我不知EA-6B飞机是取消了干扰还是机载设备出了故障,总之它没有按任务方案所规定的位置遂行任务。"

反雷达作战似乎计划得非常周密,但起飞似乎有些晚。摧毁南联盟的3部预警雷达是保障隐身飞机顺畅遂行任务的基本要求。空军的一位官员认为,"问题是应该知道敌雷达所处方位,并且摧毁向其发送信号的预警雷达。你们已经看到的情况(除了F-117A自身所犯错误外)即很好说明了这一点。"尽管导弹制导雷达在处于适当的观测位置时可能会迅速探测到隐身飞机,但是通常探测包线很小以至于不起作用。

可能是北约的计划人员破坏了美国空军和海军在遂行空中作战长期遵守的

一条规定。美英两国于1998年年末和1999年年初为对伊拉克采取行动部署部队时,作战计划人员曾宣布,在没有EA-6B电子战飞机支援的情况下,隐身飞机和非隐身飞机都不得遂行巡逻和突击任务。这一据称从未被违反的规定在对南联盟的作战中却被违反了,结果造成一架F-117A战斗机被击落。

二、南联盟指挥官的述说

2004年南联盟(现在的塞尔维亚共和国和黑山共和国)军队退役上校Zoltan Dani,是近年来最成功的地对空导弹指挥官之一。退役后,他终于可以向世人讲述他和他的部队在1999年科索沃战争中是如何击落美国空军F-117A和F-16战斗机的。据他透露,成功击落美国战机的关键是:对旧式防空导弹系统的改造,通过机动提高生存能力以及成功的射频(RF)管制。

Zoltan Dani上校的名字早在1999年就开始出现在一些媒体的报道中,但直到2005年10月人们才知道,他就是在1999年北约空袭南联盟中,指挥南联盟防空部队击落2架有人驾驶飞机的指挥官。现在他已退役,可以公开自己的身份和1999年防空作战的一些细节了。

(一)以弱胜强的训练落到实处

他在前南第250防空旅第3营服役,和该旅其他连队一起负责贝尔格莱德地区的防空任务。该营装备的是S-125M(萨姆-3)指令制导防空导弹系统。但Zoltan Dani上校的连队与其他的兄弟连队相比有一些非常重要的优势。Dani说,拥有这些优势,是因为他们之前在对低雷达截面积(RCS)目标的探测、截获与摧毁方面,或者说是对应用"低可探测技术"的领域进行了研究。他和下属军官自F-117A服役以来,就一直在跟踪与之相关的报道和文章,同时思考南联盟防空部队该如何运用现役的装备来应对这种威胁。后来在1998年北约进行武力展示,试图阻止南联盟对科索沃的行动期间,他提出对该防空系统实施细小的战场技术改造:一是对UNV天线单元和控制导弹(北约代号"低击")的UNK-M控制舱进行改造;另一项则是对P-18(北约代号"干槽"或"匙架")雷达的改造。该雷达为导弹连提供目标截获信息。然而他的上司没有批准这项改造计划,只是说"这种系统无法对付隐身目标"[①]。

虽然形势迫切要求南联盟改进其防空系统,但是个人的创新努力仍然没有

---

① Zoltan Dani上校事后兴奋地回忆道:"在战争爆发前的很长一段时间,我就对隐身战斗机产生了兴趣,考虑如何才能发现它。世界上没有看不见的飞机,只是不容易发现而已。参战的美国人很自负,认为不会遭到实质性反抗,就可以打垮我们。有时候,他们的表现就像是业余选手。"南联盟军人找到很多途径来对付美国人。Zolton Dani说他们能监听到美军飞行员与预警机之间的通话:"我曾亲耳听到北约飞行员的通话,掌握了他们的飞行路线和轰炸计划。"

得到鼓励。尽管如此,Zoltan Dani 上校还是立志要改进这些落后的系统。就在北约开始空袭的前几周,Zoltan Dani 上校又进行了一次申请,但依然一无所获。虽然没有得到上级的批准,Zoltan Dani 仍然在他的部队中继续实施并最终完成了对系统的改造,他个人将承担所有的责任。尽管他仍然拒绝透露细节,但这样的改造似乎不需要什么原材料,而且 Zoltan Dani 上校连队所拥有的维护和保障能力完全可以"快速安装"这种改造后的系统。Zoltan Dani 上校透露的唯一一点,就是其改造工作不包括使用"卡拉特"(Karat)电视目标跟踪系统①。

Zoltan Dani 上校不仅对系统进行了技术改造,提高了对低 RCS 目标的交战成功率,而且还训练自己的部下和北约的机群作战。他们一遍又一遍地演练火控雷达以最小的辐射去攻击目标。Zoltan Dani 上校说他们专注于在尽可能近的开火区域和目标接战,这样可以减少导弹飞行时间和目标飞机的反应时间。另外根据战时标准的萨姆-3 导弹营编制,Zoltan Dani 上校的部队还得到预备役军人加强,使其连队的人员达到了约 200 名。考虑到这种导弹系统的杀伤率较低,导弹消耗量会比较高,他们还在原来 4 部导弹发射器的基础上得到了两个额外的四联导弹发射器及其 V-601P 导弹。

(二)击落 F-117A 隐身战斗机

在盟军空袭的头一个晚上,即 1999 年 3 月 24 日,拦截北约飞机的任务被指派给了南联盟的截击机,而并没有给地空导弹指派任务。可后来,北约战斗机的超视距优势非常明显,南联盟的地空导弹和防空高炮部队便承担起了各自的防空任务。不过南联盟的防空导弹和高炮部队在技术上落后,命中目标的概率低,因此这些部队的任务,实际上是尽可能地保存自己,以牵制和转移北约飞机的攻击目标,迫使飞机为进行躲避机动而抛弃弹药和油箱,而不是击落它们。然而在第 4 天,第 250 防空旅第 3 营成功地击落了一架 F-117A,这一战果无疑有助于南联盟的宣传战,赢得了公众的支持,而且也给了西方重重一击。Zoltan Dani 上校说他的部队在 F-117A 从 8000 米的高度迎面飞来,距离 13 千米处的时候,发射了 2 枚导弹。整个交战过程一共只有 18 秒钟②。按照标准的作战流程,他坐在 VNK-M 舱 P-18 雷达的远程显示器前监控着部队的作战过程。

Zoltan Dani 上校承认他们所接收的信息来自中央指挥和控制所(完全通过陆上线路,没有通过无线电和移动通信),因此他们几乎是随意地在被保护目标

---

① Zoltan 回忆说:"战争进入第 3 天,那是一个没有月亮的夜晚,我们探测到 F-117A 飞临南联盟领空,于是用苏联制造的萨姆-3 地空导弹将其击落。"同时他透露:"我们使用了一些新技术对 20 世纪 60 年代制造的萨姆防空导弹进行升级,使其具备探测'夜鹰'的能力。"

② 从跟踪搜索到攻击完成,一共持续 23 秒。

周围机动。Zoltan Dani 上校的部队必须躲避北约部队的侦测及随后而至的攻击,并寻找到最可能袭扰敌人空袭的位置。大多数时候,最后实施攻击的部队都是由 Zoltan Dani 上校直接掌握。这些部队只包括实施短暂接战所需的单元:导弹制导雷达、两个(而非 4 个)四联发射器、目标截获雷达和发电机。连队的这些"核心"部分从运输状态到进入发射状态(最好是在有植被覆盖的区域,可以获得天然的伪装),完成战斗部署的时间不超过 60 分钟,而且通常数小时就会更换一次部署地点。Zoltan Dani 上校说,他的连队在 78 天的战斗中行程约 10 万千米,几乎都是在夜间灯火管制的情况下进行的,没有出现过一次道路交通意外。

(三) 防空作战中的运动战、麻雀战

除了频繁转移阵地外,严格的射频管制对第 3 营最终的生存也意义重大,该部队人员和物资没有遭受任何损失。虽然根据他们的经验,北约"哈姆"高速反辐射导弹(HARM)无法瞄准甚高频(VHF)的 P-18 指示雷达,但雷达的辐射时间还是被缩短到最短。尽管采取了这些预防措施,他们还是被迫 23 次终止了辐射和/或导弹控制,因为目标回波或其他迹象已明显显示出,敌人已向他们发射了"哈姆"导弹。导弹阵地附近还布置了假发射机来欺骗反辐射导弹。Zoltan Dani 上校说指令制导的萨姆-3 导弹系统,与半主动的萨姆-6 导弹系统相比,之所以能取得战果,最大的原因就在于 VHF 频段的 P-18 能存活下来。萨姆-6 的 SUR1V(北约代号"直流")雷达系统,工作在与 P-18 不同的波长,更易遭受北约"哈姆"导弹的袭击。

Zoltan Dani 上校声称他的连队基本是靠自己的力量(主要是 P-18 雷达和目视观察)来建立一个模糊的战场态势感知,并用以判断北约下一步的行动。但这可能并不是完全真实的,目前所知的实际情况是,美国并没有改变过 F-117A 的飞行路线,因此在某种程度上 F-117A 的位置完全可以预测出来。南联盟防空部队经常接到在意大利空军基地外打出的电话,通知他们北约飞机何时起飞。根据这两条情报不难分析出 F-117A 在某一时刻的位置。

尽管 Zoltan Dani 上校承认"有一些"导弹偏离了目标,但是他拒绝透露他的连队在整个防空作战中除了射向 F-117A 和 F-16 的 4 枚导弹外,究竟还发射了多少枚导弹。

附录 3 F-117A 隐身战斗机简介

一、F-117A 发展历程

作为第一种隐身兵器的 F-117A 的问世和应用,具有划时代的意义。F-

117A是历史上第一种真正具备了隐身能力的飞机,也是美军第一种隐身战斗机。

图3-31 F-117A的前身"海弗兰"计划试验机

F-117A立项于1973年的"海弗兰"计划①,1977年12月"海弗兰"(图3-31)首飞,1978年12月美国开始实施代号为"大趋势"的计划,着手研制F-117A隐身战斗机,同年底美国洛克希德公司获得了美国空军研制全尺寸生产型飞机代号为"大趋势"的合同。

1982年9月F-117A开始交付美国空军使用。交付给空军的第一架飞机于1983年初试飞,9月2日正式交付给位于托诺帕试验靶场的4450战术大队(后改为第37战术战斗机联队)。美国空军共订购59架F-117A,其中4架在训练中坠毁,1架在战争中被击落,其余54架于2008年4月退役封存。

在F-117A研制和使用过程中,只有为数不多的飞行员才有资格驾驶这种独一无二的F-117A战斗机,而且每一位F-117A飞机的飞行员都配发可表明其功绩的顺序编号。为保密起见,F-117A战斗机的飞行员编号是保密的,作战飞行员的编号从150开始,试飞员的编号从100开始。在计划发展的初期,飞行员对所飞的飞机要严格保密,他们甚至不能对自己的家人透露他们飞什么飞机。飞行员只能在夜间出来活动,完全与世隔绝。今天,F-117A虽然已不再是秘密,但是飞机仍然被严密地守卫着。你必须得到特别授权后才可接近飞机,去触摸它那种神奇的黑色蒙皮。F-117A战斗机的许多技术和能力至今仍属于高级机密。

哈尔·法利是第一架F-117A战斗机的驾驶员(图3-32),他于1981年6月18日进行了F-117A战斗机的处女飞行,从此成为该飞机试飞计划的主要试

---

① "海弗兰"实际上就是F-117隐身飞机的前身。当时,美国军方一直不公开其在研究隐身武器,因此为了保密,对外宣称"海弗兰"计划。

飞人员,飞行员编号为117A,独特的编号反映出他在该计划中的突出贡献。

图3-32　F-117A试飞员哈尔·法利

二、F-117A战技术性能和主要特点

F-117A基本性能参数如下。

机长:20.09米

翼展:13.21米

机翼后掠角:67°

机高:3.78米

垂尾后掠角:20°

空重:13380千克

总重:23814千克

最大速度:马赫数0.9(高度为10670米时)

升限:15850米

最大航程:2011千米

F-117A是专门用于夜间攻击的单座飞机,因此飞行员给它的绰号是"夜鹰"。该机在1989年12月对巴拿马的入侵和20世纪90年代初的海湾战争中一鸣惊人。第37联队也由此有了"夜鹰飞行队""空中黑色夜游神""蓝天霹雷"等称号。

F-117A是一种罕见的"怪状"飞机,其整个机身外形呈楔形状,尾翼呈燕尾状,大后掠翼,其采用平面多棱角体设计。由多块垂直平板构成,一直排列到机翼上表面。F-117A装有2台通用电气公司F404不加力涡轮风扇发动机,单台推力为5443千克力,使推重比达到可接受的0.5~0.55左右。

F-117A武器载荷约为2270千克,飞机内部两个武器弹舱长4.7米,宽1.75米。可携带2枚908千克级BLU-109型激光制导炸弹或挂载战术战斗机使用的各种武器:"哈姆"高速反辐射导弹、GBU-15滑翔炸弹、AIM-9L空对空导弹、AGM-65型"幼畜"空对地导弹,必要时还可挂载B-61核炸弹等其他各种武器。

三、F-117A 隐身措施

F-117A隐身战斗机是第一种按低可探测技术设计原则研制的实用隐身战斗机,具有突出的隐身性能。F-117A采用了许多高新技术来达到隐身目的,其中主要的隐身措施有三个方面:外形隐身、结构隐身和吸波材料隐身。此外,还采用了其他为减弱热、声、光、烟等特征信息的隐身技术,特别是该机几乎不装任何大功率有源传感器,以达到低电磁辐射的隐身目的。F-117A的雷达散射截面积仅为0.01~0.1 米^2[①]。

(一) 外形隐身

对于F-117A来说,真正重要的是外形(图3-33)。在总体设计上,外形十分奇特。该机采用多面体结构,整机呈楔形状,由多个小平面拼合而成,整架飞机完全是一种由平板组成的多面体,如图3-33所示。该机乍看上去像是一只展翅腾飞的蝙蝠,又像是一架小型航天飞机。F-117A翼身融为一体,采用后掠机翼和V形尾翼,机身为多角多面锥体和飞翼式布局;全机下部没有什么突出部和外挂物,导弹、炸弹等武器全在机身或机翼内,如图3-34所示,其目的是抑制散射雷达波束,使雷达反射截面积减小到最低限度。

由于雷达探测范围一般在飞机水平面上下30°的角度内,F-117A大多数表面与垂直面的夹角大于30°,以使把雷达波上下偏转散射出去(从高空来的雷达波向下偏转,从地面射来的雷达波向上偏转)。由于整机基本的反射为上下反射,因而使反射波总是偏离雷达接收机。

飞机的前后缘都是雷达波的强反射体,这些反射体确定了雷达反射波的主波束。由于F-117A采用复杂多面体,其主波束超过4个。为了使主波束变窄,F-117A的前后缘被设计得尖锐笔直,机身表面的其他边缘(如各小平面相交的棱边)也尽可能与前后缘平行,使其反射波与主波束方向一致。这种把反射波集中于几个窄波束的设计,可以避免常规飞机那样反射波的全向散射。这样就能使两个波束之间的微弱信号与背景信号难以区别,使敌方接收不到连续的信

---

① 参考值,针对不同频段的雷达,F-117A的雷达散射截面积不同。

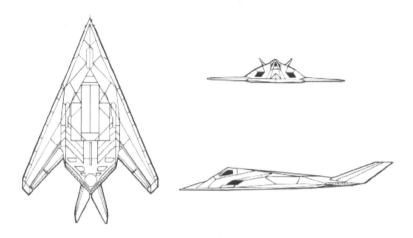

图 3-33　F-117A 的外形设计

图 3-34　F-117A 内置式弹仓及打开弹仓投弹示意图

号,难以确定所接收到的是一个实在目标的信号还是一种瞬变噪声信号。另外,这种由主波束反射的瞬变信号会使雷达自动噪声门限值提高,降低其对弱信号的检测能力。

同时,F-117A 机身顶部边缘和发动机进气口边缘与机翼前缘平行,每侧发动机排气口边缘分别与另一侧机翼的后缘平行,机身侧面边缘与发动机短舱前侧边缘平行,这样可尽量避免波束直接向前反射,并使回波信号尽可能保持在相应的主波束内。类似地,在一些不连续处,如驾驶舱的一些边角线、起落架舱门、发动机舱门的前后缘、机头前视红外/激光照射器边缘和武器舱门边缘均被设计成锯齿形,其角度也使其反射方向分别与不同的反射主波束方向一致。

F-117A 的全动 V 形尾翼和机翼均采用菱形翼剖面设计(图 3-35),因而雷达回波的反射角也被限于窄波束内,而不像常规弧型翼那样全向散射。V 形尾翼间的夹角小于 90°,使其不会成为向上的强反射体,同时也不会与其他表面构成两面体。

图 3-35　F-117A 的 V 形尾翼和菱形机翼

（二）结构隐身

F-117A 具有独特的隐身结构设计：对发动机进行专门处理，对进气口、排气口和座舱盖进行特别设计。整机采用小内舱，没有外挂武器。机内不装载大功率有源传感器，以降低电磁辐射和热辐射，实现光电隐身。飞机上取消了发射强大功率的微波雷达，而是装有 2 套激光/红外系统和导航攻击系统；发动机噪声低，红外辐射特征小，从而降低声光探测器的发现概率。进气口和排气口都备有吸波挡板，且在机身上部装有降低雷达散射截面和红外特征的装置。

在 F-117A 的机头上，有 4 根空速管。座舱前面装有 1 台前视红外摄像机，下视红外摄像机安装在前起落架舱门前缘。这两台摄像机的窗口都有雷达波吸收网盖，但红外线可以穿过。发动机进气道有主、辅之分。辅助进气道口面积约 0.39 米^2；主进气道口高 0.82 米、宽 1.43 米，面积约 1.18 米^2。发动机舱门、起落架舱门、炸弹舱门的前后端，以及前视红外摄像机窗口和座舱的前缘，均为锯齿状，其作用是将雷达波分成几条很窄的波束反射回去。

为防止雷达波照射到具有很强反射能力的发动机风扇上，进气道口装有开孔为 1.5 厘米×1.5 厘米的由吸收雷达波复合材料制成的格栅（图3-36）。这个尺寸恰好是搜索飞机常用的 X 波段雷达波长的 1/2。在机身上所有的开口处，均有相同用途的雷达波吸收网。

F-117A 的机身为铝合金结构，由若干块铝合金板组成蒙皮。多数金属板在水平方向上有 30°以上的倾角，因而在垂直方向上看，机身多棱角（图 3-37）。这样的结构外形，可将照射来的雷达波向上或向下偏离探侧雷达方向反射。机身外表及结构接缝处均涂有黑色橡胶似的吸收雷达波材料，表面平整，但不光滑。在机身军徽后面有六角形活动凸起（类似于角反射器），训练飞行时可伸出,作为跟踪雷达的反射体。

图 3-36　F-117A 格栅进气口

图 3-37　F-117A 架构布局

F-117A 对发动机进行了专门处理,两台 F404 型涡轮发动机被深深地安装在机体内,发动机喷口在机身上部。但是,因为喷口是 2 条仅高 15 厘米的向前下方倾斜的"缝"并离地高度大于 1.8 米,所以对站在地面的人来说是不可见的。这种被称为展向"开缝"式喷口大约宽 1.83 米,喷口下缘有一伸出并向上偏的底面,用来阻止红外探测器及雷达从后面直接探测到涡轮部件。当发动机排气到达两个缝之前,就通过与从发动机旁路经过的一定比例的冷空气混合形成两股面积大而宽的"海狸尾"状气流,使排气温度快速下降到 66℃,减少红外信号,把红外和雷达信号抑制在窄方位范围内。事实证明采用埋入式发动机及特殊的进气/排气装置也有利于减少噪声。据报道,当F-117A从头上飞过时比其他战斗机安静得多。

(三)吸波材料隐身

F-117A所使用的材料主要是以铝合金结构为主,并大量使用复合材料。机体表面广泛使用了雷达吸波材料,主要是吸波涂料。有的还涂以红外隐身涂层,甚至连座舱和透明窗口的玻璃都涂有防护涂层,以降低机体与背景的对比度。据报道,F-117A共使用了6种不同的雷达吸波涂层材料,例如机身上(特别是机身底部)采用了在SR-71侦察机上使用过的高效磁性-耗能型"铁球"吸波涂层,这种涂层可以数倍地甚至10倍地减小雷达散射截面积(图3-38)。在驾驶舱的挡风玻璃上采用了介电-耗能型吸波涂层,可使入射的雷达波不能透过挡风玻璃照到驾驶员的头盔上。

图3-38 F-117A战斗机蒙皮使用的吸波材料

附录4 萨姆-3导弹系统简介

萨姆-3导弹(北约称"果阿"),如图3-29所示,是一种用来对付中低空目标的全天候近程地空导弹,苏联编号C-125,是第二代中低空地空导弹,又名"小羚羊",1961年首次公开出现,1961年6月进入苏军防空军服役,1964年升级后,北约赋予其新代号萨姆-3B。

在苏联的防空系统中,萨姆-3防空导弹用来填补中低空导弹的空白区域,任务是辅助性质的,适用于要地防空,也可用于野战防空。该导弹采用破片杀伤方式,破片数量可达3670块,4枚导弹齐射可形成15000多块碎片。其导弹发射架为固定式,4联装,作战中一般使用2枚导弹射击1个目标,制导系统可同时射击2个目标。

图 3-39　萨姆-3 防空导弹

一、基本性能

最大射程:15~20 千米

有效射高:100~13000 米

最大速度:马赫数 2~2.5

弹长:6.7 米

直径:0.58 米

翼展:1.2 米

发射重量:950 千克

动力装置:两级固体火箭

战斗部:烈性炸药

制导方式:无线电指令

"低击"跟踪制导雷达:

作用距离:搜索 80 千米、跟踪 37 千米

工作频率:9000~9400 兆赫

峰值功率:250 千瓦

重复频率:搜索 1800 赫兹、跟踪 3600 赫兹

脉冲宽度:0.25~0.5 微秒

电视光学跟踪系统:

最大作用距离:约 30 千米。对 F-4 在能见度良好条件下发现距离不小于 15 千米

镜头视场角:1°×1.5°

跟踪方式:

　　自动跟踪——在雷达工作体制下,对单个目标的主要跟踪方式

　　手动跟踪——在雷达工作体制下,跟踪集群目标和在电视光学工作体制下

跟踪的主要方式

混合跟踪——在电视光学/雷达混合工作体制下的主要跟踪方式

指令系统工作频率：1000~2000兆赫

二、系统组成

萨姆-3导弹为两级推进式结构，一级为固体燃料助推器，装有稳定尾翼；二级采用固体燃料火箭发动机。导弹的弹头呈尖锥形，弹体圆柱形，采用鸭式气动布局，4组控制面的第一组为助推器控制翼面，位于弹体底端，4片矩形翼面面积很大，是辨别该导弹的醒目标志；第二组为导弹的稳定舵，舵面积很小，呈梯形，位于助推器与主航发动机之间；第三组为主弹翼，位于主发动机底端，梯形，前缘后掠，翼尖有整流罩；第四组位于弹体头部，面积较小，呈梯形，前缘后掠。萨姆-3导弹系统采用固定式四联装倾斜发射装置，由于发射架和导弹重量相对较轻，很多装备萨姆-3的国家把萨姆-3发射装置加装到卡车或坦克底盘上。

萨姆-3使用SNR-125"低击"250千瓦I/D波段跟踪制导雷达（跟踪距离近40千米，装在拖车上），制导雷达基本沿用了萨姆-2导弹"扇歌"制导雷达的工作原理，采用角度分辨率高但孔径较小的路易斯天线，为了适应跟踪低空目标的需要，把原先的"一横一纵"改成了"八字胡"，只接收不发射信号，截获/照射雷达信号的发射接收天线放在中间，最上面是导弹制导指令发射天线，如图3-40所示。

图3-40 萨姆-3系统的"低击"制导雷达

"低击"制导雷达的具体组成及功能如图3-41所示。

其在不同工作状态时的情况如图3-42、图3-43、图3-44所示。

"低击"制导雷达的工作体制有雷达（PA）体制、电视光学（TB）体制和电视光学/雷达（TB/PA）混合体制。

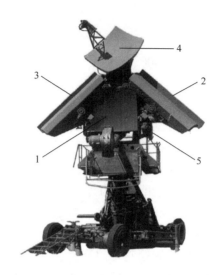

图 3-41 "低击"制导雷达的具体组成及功能

1—目标截获/照射雷达发射接收天线,3 厘米波长,笔形波束(宽度 1.5°),上下电扫描角度为 10°,机械扫描角度为-1°~77°,沿方位方向可以扇扫,也可圆周扫描;2—F1 高角度分辨率接收天线;3—F2 高角度分辨率接收天线,F1、F2 天线波束形状均为扇形,波束宽度 E 面 7°,H 面 1°,扫描范围±7.5°;4—制导指令天线(分米波),波束形状为笔形,宽度 8°~12°;5—光电制导电视摄像头。

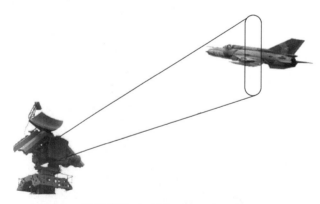

图 3-42 目标截获时"低击"制导雷达的工作状态

雷达(PA)体制工作时,"低击"雷达有下列几种工作状态。

(1)"无动选"状态——不使用动目标选择设备,用于射击中、低空飞行的没有干扰的目标。当地物反射、人工消极干扰和环境干扰不影响正常制导时也应采用"无动选"状态。

(2)"动选Ⅰ"状态——当地物反射影响正常制导时采用。

(3)"动选Ⅱ"状态——人工消极干扰、环境干扰影响正常制导时采用。

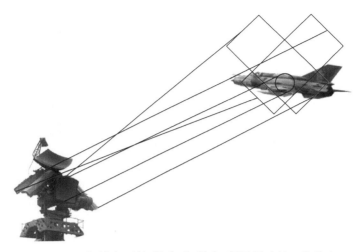

图 3-43　目标锁定照射/跟踪时"低击"制导雷达的工作状态

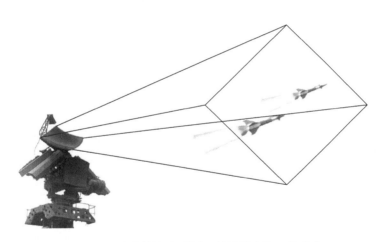

图 3-44　导弹制导时"低击"制导雷达的工作状态

(4)"远距"状态——当消极干扰影响制导雷达正常工作,且制导雷达距干扰源的距离大于 37 千米时采用。

(5)"小高度"状态——当目标高低角小于 1°时,制导雷达自动转入"小高度"状态,制导雷达天线停在 1°高低角上。

(6)"地面"状态——打击地面、水面目标时采用。

其中"动选"指的是萨姆-3 制导雷达具备的多普勒动目标显示功能,可抑制低空地杂波,其抑制地杂波效果如图 3-45 所示,其中图左侧为打开动目标显示前,右侧为打开动目标显示后。

电视光学(TB)体制的工作时机是:当对手使用强积极干扰,不能使用雷达

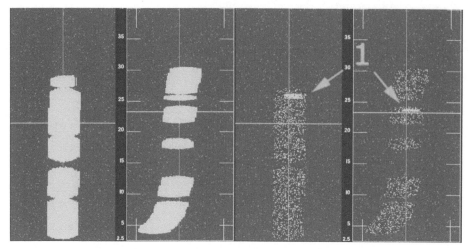

图 3-45 萨姆-3 制导雷达动目标显示对地杂波的抑制效果

体制时,或者射击集群目标,以及雷达体制出现故障时,采用电视光学体制。

电视光学/雷达(TB/PA)混合体制一般用于射击高低角小于 1°的目标。可以同时选用"无动选""动选Ⅰ""动选Ⅱ""小高度"或"远距"状态。

萨姆-3 导弹系统和萨姆-2 一样,采用全程无线电指令制导。

萨姆-3 导弹系统采用的制导方法有以下几种。

(1)"半前置法"——萨姆-3 导弹系统的主要制导方法,只要对目标距离坐标的跟踪能正常进行,在任何情况下都应采用"半前置法"制导。

(2)"小高度半前置法"——当目标飞行高度小于 3 千米,遭遇斜距小于 12 千米时使用。

在使用"半前置法"制导时,"半前置法"和"小高度半前置法"可自动转换。

(3)"三点法"——当对目标距离坐标的跟踪不能正常进行时使用。

(4)"小高度三点法"——目标高低角小于 2°时使用。

在用三点法制导时,如果射击瞬间目标高低角小于 2°,可自动转入"小高度三点法"。

(5)"地面法"——用于射击地面、水面目标。

萨姆-3 引导车有 4 个战位,如图 3-46 所示,由左到右依次为跟踪手战位(F1、F2 跟踪)、战术控制长战位(目标截获/照射雷达)、火控长战位("低击"制导雷达天线方位/导弹控制)、指令长战位(P-15 警戒雷达)。

萨姆-3 导弹系统的目标指示雷达主要配备车载 P-15"平面"(Flat Face)或 P-15M(2)"矮小眼睛"(Squat Eye)380 千瓦 C 波段目标截获雷达,后者装在一个高桅杆上以改进探测低空目标的能力,如图 3-47 和图 3-48 所示。

图 3-46　萨姆-3 引导车的 4 个战位

图 3-47　P-15"平面"目标指示雷达

为给两坐标的 P-15 及 P-15M(2) 提供目标高度信息,萨姆-3 导弹系统还配备了 PRV-11"边网"(Side Net) E 波段测高雷达[1],装在配有封闭车体的拖车上。

萨姆-3 导弹系统具有一定的抗干扰能力。

(1) 目标探测波道采用了跳频技术,对瞄准式干扰具有一定的抗干扰能力。目标探测频率使用 3 厘米波段,且发射机能够改变频率,当受到瞄准式干扰时,可以转换到 3 厘米波段的另一个频率上工作。但跳频范围很窄,当干扰频带较宽时不能起到抗干扰的作用。

(2) 采取照射发射-扫描接收的工作体制,对于利用接收扫描信号工作的转发式干扰,有一定的抗干扰作用。

---

[1] 也用于萨姆-2、萨姆-4 与萨姆-5 导弹系统,作用距离 28 千米,最大探测高度 32000 米。

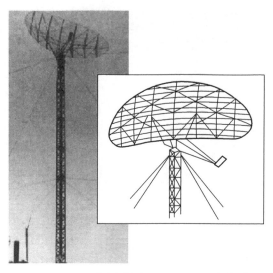

图 3-48　P-15M(2)"矮小眼睛"(Squat Eye)目标指示雷达

（3）导弹波道指令发射用频率区分,并使用调频信号,有较好的抗干扰性能。

（4）对目标的探测在受到干扰时或在低空地物背景中可以利用电视接收显示来发现目标(但视场较小、发现距离较近)。使用电视光学系统具有良好的抗干扰效果,电视光学系统具有两挡变焦摄像镜头,有利于提高跟踪精度。

（5）在敌施放消极干扰或存在气象干扰的条件下,可使用动目标选择系统。动目标选择系统具有良好的抗消极干扰能力。但使用动目标选择系统后,制导雷达的作用距离将要下降大约 20 千米(这也是萨姆-3"动选"模式的缺点)。

三、部署及战斗使用

（一）作战部署

萨姆-3 导弹系统同萨姆-2 一样,通常配置在重要城市、交通枢纽、重要军事目标等地。萨姆-2 导弹与萨姆-3 导弹阵地成交叉配置,这种部署优点突出,既能对付高、中、低空目标,又能组成交叉火力。

萨姆-3 发射架在发射阵地上有扇形配置和圆周配置两种方式。

扇形配置,当数个营组成圆形防御时,其中一个营的配置即为扇形配置。扇形配置的优点在于任何一个发射架都可以向正面入侵的目标进行射击。

在扇形配置中,发射架与指挥车之间的距离为(70±10)米,发射架之间的距离为(60±10)米。

圆周配置,用于目标入侵方向未知的防御中,圆周配置的优点在于不论目标从何方向进入,都能有 2~3 个发射架可以进行射击。

在圆周配置中,发射架与指挥车之间的距离也是(70±10)米,4 个发射架沿圆周等距离分布。

(二)战斗使用过程

萨姆-3 导弹战斗使用过程与萨姆-2 基本相同,简要叙述如下:

(1)由行军状态转入战斗状态需要架设天线,固定发射架,标定方位,连接电缆及功能检查等准备工作。

(2)接通远方情报,油机预热,目标指示雷达开始工作,发现敌情后全营进入一等战备。

(3)当目标进入 60 千米以内时,制导雷达开始搜索,此时收发全用目标截获/照射雷达发射接收天线(YB-10)进行。当指挥机柜环示显示器和引导机柜 B 型显示器发现目标后,引导员适时推进三个手轮转入跟踪状态,即照射发射,F1、F2(YB-11)天线接收。当稳定跟踪后,转入自动和同步。

(4)引导员按遭遇距离标线与杀伤区远近界的相互位置,确定发射时机,按发射电钮。导弹起飞经 2.4~4.1 秒,起飞发动机工作结束,导弹过载降到 14~18g 时,主发动机开始点火,导弹Ⅰ级分离,Ⅱ级继续飞行,此时制导雷达通过无线电指令发射机对装在弹上的无线电控制探测仪进行询问,当导弹进入导弹坐标测定系统的等待波门时,导弹被截获。

(5)制导雷达根据相对坐标测量体制,按选定的导引方法形成指令信号,控制导弹飞向目标。

(6)当导弹距离目标 300 米时,发出一次 K3 指令,使弹上无线电引信开始工作,并适时起爆战斗部击毁目标。

(三)相对萨姆-2 的优点

与萨姆-2 相比,萨姆-3 导弹系统更注重打击中低空目标的能力;导弹系统具有较高的连续作战能力,其采用四联装导弹发射架,1 个萨姆-3 导弹营配备 4 座发射架,每次连射用 2 发导弹,1 次最多可以发射 16 枚导弹,可连续进行 12 次射击,之前 1 个萨姆-2 导弹营 1 次只能发射 6 枚导弹,可连续进行 7 次射击;导弹本身也由萨姆-2 的"固体燃料助推器+液体燃料主发动机"改为"固体燃料助推器+固体燃料主发动机",这样一来其抗击多目标进攻能力和快速反应能力有了很大提高,二来也简化了技术保障。萨姆-3 导弹速度虽比萨姆-2 低,为马赫数 2.5,但系统自动化程度有所提高,减少了系统车辆,1 个萨姆-3 火力单元的车辆数为 29 辆,比萨姆-2 的 1 个火力单元至少减少了 15 辆车,这提高了系统的机动能力。由于车辆数目的减少,各车之间的电缆减少,电缆连接时间缩短,因而武器系统的展开撤收时间有所缩短。萨姆-3 导弹系统的反应时间约

30秒,如使用改进型导弹,无需导弹在战斗准备(预先准备)期间充电,只需进行30秒的准备。萨姆-3制导系统具有多种工作体制、多种工作状态和多种制导方法;采用动目标选择电路,提高了低空测角和跟踪能力;采用跳频技术、导弹指令分频发射技术、电视跟踪等抗干扰措施,因此实用性和适应性都比较好;但制导雷达波束较窄,不易发现目标,对目标指示雷达依赖性强。

第四章 抗反辐射摧毁
——越战中的反辐射对抗

第一节 对抗的手段

在越南战争中,反辐射导弹第一次登上了人类军事舞台,成为电子战领域"硬摧毁"的标志性武器,并发挥了重要作用。

一、反辐射导弹的起源

(一)第二次世界大战期间初现端倪

1. 盟军的发展

对电磁目标的硬杀伤技术起源于第二次世界大战,其间英国发展"阿卜杜拉"寻的接收机,原本准备用于支援1944年6月诺曼底登陆中压制部署在法国沿海的德国雷达网,打算用它给火箭和炸弹攻击指示雷达位置。"阿卜杜拉"有一些可互换的"头",每个头瞄准雷达网中的一型雷达,但最终只有对付"维尔茨堡"地面引导截击/火控雷达(图4-1)的装置才投入作战使用。

图4-1 德军的"维尔茨堡"雷达

英国皇家空军战斗机截击分队对截获的"维尔茨堡"雷达进行了一系列成

功的试验——能精确地瞄准它到91.4米范围内——并在1944年晚春期间,于霍姆斯利之南新御猎场内出动6架配备"阿卜杜拉"的"台风"战斗轰炸机进行试验飞行。可即便"阿卜杜拉"能发现这些雷达,仍被证明难以用于作战。当德军碰到一个航向径直对着他们快速运动的标志时,自然会推想到即将受到攻击,因而关闭雷达——没有信号可供跟踪,"阿卜杜拉"也就变得无用了。

2. 轴心国的努力

在盟国积极发展对电磁目标的硬杀伤技术时,以德国为首的轴心国在装备竞赛中也进行了相似的探究。早在1943年年初,德国就做过采用雷达寻的接收机导引炸弹的技术试验。当时有人提出给勃劳姆&冯斯公司的BV246B"冰雹"空中发射滑翔炸弹(图4-2)配以发射机定位系统,使它能攻击支援英国皇家空军轰炸机司令部指挥的"前进"中距双曲线导航系统发射机。

图4-2 "冰雹"空中发射滑翔炸弹

显而易见,这些技术研究在当时并不十分成功。虽然像"阿卜杜拉"那样的系统给防御压制技术铺平了道路,但它在地空导弹出现和把它们用在越南战争中之前是不成熟的。

(二)冷战中催生发展

虽然第二次世界大战期间反辐射武器没有太大发展,但却给美军的后续研究创造了基础和条件。美国海军在后来的朝鲜战争中继续研究这个问题,并在整个20世纪50年代考虑了各种各样的用途。其结果衍生出诸如用来摧毁高价值目标的"百舌鸟"反辐射导弹等计划,以抗击一些苏制地空导弹系统(考虑到"约-约"和"扇歌"雷达在萨姆-1、萨姆-2地空导弹系统中的重要作用,美军萌发了采用攻击、摧毁这些辐射源来达到压制防空火力目的的想法),支援空中作战。

自1958年开始,由承包商得克萨斯仪表公司和斯佩里·尤尼互克公司在位于中国湖的美国海军武器中心密切配合下研制反辐射导弹。其方案立足于当时现成的AIM-7"麻雀"空对空导弹弹体基础上,形成1种长3.05米、直径203毫米左右的武器。制导信息由头部寻的装置提供。同期发展的相似武器系统还包括"乌鸦座"(图4-3),但1961年发生的古巴导弹危机使美军撤销了该项计划,以集中精力发展"百舌鸟"。

图 4-3　A-3D 携带 1 枚 XASM-N-8"乌鸦座"反辐射导弹试验

1961年6月,美国海军驻中国湖军械试验站开始试验反辐射导弹,将其定型为 AGM-45,并命名为"百舌鸟",如图 4-4 所示。

图 4-4　1964 年在中国湖海军基地进行"百舌鸟"反辐射导弹试验

(三) 越战时现身舞台

1964年8月5日,北部湾事件爆发,美军开始对北越实施空袭。随着战争逐步升级,苏联开始向北越提供大量防空兵器。前期以高炮为主,随着战事的日益激烈,1965年,苏联政府决定向北越提供萨姆-2 导弹系统。

1965年7月24日,北越首次使用萨姆-2导弹,将美军1架F-4C击落。此时,正在研制的"百舌鸟"反辐射导弹刚达到作战试验阶段。

由于越南战场形势紧迫,1966年4月,美国海军将刚刚研制成功的"百舌鸟"反辐射导弹投入战场,除了海军的 A-4、A-6 飞机外,还装备到了空军执行"铁腕"任务的 F-100F"野鼬鼠"飞机上(越南战争中后续型号的"野鼬鼠"飞机均能够挂载"百舌鸟"反辐射导弹,图4-5)。

虽然"百舌鸟"反辐射导弹的主要目标是萨姆-2 的"扇歌"制导雷达,但为了研练战术、获取经验,"百舌鸟"反辐射导弹的首次作战运用放在了防护力量

图4-5　翼尖挂载"百舌鸟"导弹的F-100F"野鼬鼠"

相对薄弱的越南南方,目标则是北越的高炮炮瞄雷达。1966年4月18日,1架F-100F"野鼬鼠"引导3架F-105D飞机执行"铁腕"行动,"野鼬鼠"飞机的机组人员截获了洞海附近1部"火罐"高炮炮瞄雷达的信号,于是向雷达所在方向发射了"百舌鸟"反辐射导弹并摧毁了它。

在对高炮炮瞄雷达的攻击取得成功后,"百舌鸟"很快将打击重点转移到了萨姆-2导弹的"扇歌"雷达上。1966年6月6日~7月5日,经过一段时间的经验积累后,美"野鼬鼠"中队开始使用"百舌鸟"导弹对河内以北的萨姆-2导弹阵地实施攻击,几次行动中摧毁了1部目标指示雷达、1部"扇歌"制导雷达和1个导弹发射阵地。

战争中"百舌鸟"反辐射导弹发挥了明显的作用,给北越雷达操作员造成很大恐慌和压力。尽管有一些明显的优点,但实战表明它决不是一种"卓越的武器",存在很多缺点。为弥补"百舌鸟"导弹在实战中暴露的一些不足,1968年3月,在RIM-66A"标准"中距舰空导弹基础上研制的一种新型反辐射导弹,即AGM-78"标准"反辐射导弹投入作战行动。其首次实战亮相在1架A-6B"Mod 0"升级版上,1968年3月10日,美国空军F-105F首次在实战中使用这种导弹,向河洞兵营旁的萨姆-2阵地发射了8枚,尽管第一枚导弹发动机点火分离失效,剩下的7枚导弹中仍然有5枚准确命中目标,3台"扇歌"雷达被确认摧毁。

尽管"标准"的性能比"百舌鸟"有很大提高,但是它仍有一些不尽人意之处,如平均单价是"百舌鸟"的6倍,635千克的弹体重量是"百舌鸟"的3倍多,故只能装备少数机种且载机载弹量十分有限,如图4-6所示。同时,实战证明其性能也不太完善,尽管采用了目标位置和目标频率记忆装置,"标准"仍然不能很好地对付突然关机的雷达。

"标准"反辐射导弹常常与"百舌鸟"导弹结合使用,通常成本更高的"标准"会用于攻击较远距离的目标。

图 4-6 "标准"(右)与"百舌鸟"(左)反辐射导弹大小对比

二、反辐射导弹的基本原理

"百舌鸟""标准"等反辐射导弹的主要组成部分与一般空空导弹没有大的区别,如图 4-7 所示,不同之处是其反辐射导引头,因此这里主要介绍反辐射导引头的工作原理。

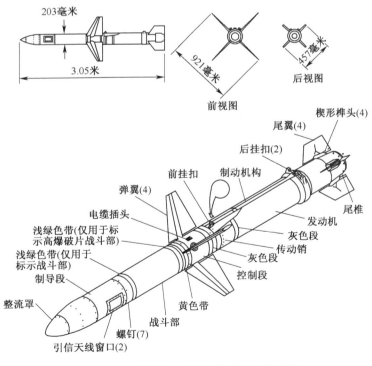

图 4-7 "百舌鸟"反辐射导弹组成示意图

反辐射导弹的核心部件反辐射导引头由天线分系统、天线分系统支架、伺服系统、测向接收机、测频接收机、信号处理器、控制管理器、预置参数及指令接收组件、测试接口等组成。天线分系统由天线和微波组件组成：天线用于接收雷达信号；微波组件用于形成所需的空间波束。为了测量出雷达信号到达导引头的方位角和俯仰角，一般需要4个或更多天线组成天线分系统。方位角的测量至少需要方位平面内的两个天线，俯仰角的测量至少需要俯仰平面内的两个天线。4个天线在空间形成上、下、左、右4个波束，并互相部分重叠，由此可以产生4个接收通道，其中两个接收通道用来处理来自方位平面两个天线的信号，并将这两个方位接收通道的信号进行比较，最终形成方位角。同理，另外两个接收通道用来处理来自俯仰平面两个天线的信号，最终形成俯仰角。

如图4-8所示是4个波束的立体示意图及与天线轴线垂直截面的示意图。4波束的两个公共交点连线称为电轴。在安装时，已经使天线电轴和导弹弹轴相一致，代替弹轴来进行瞄准。

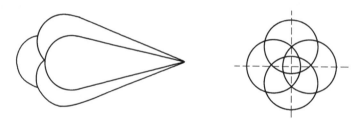

图4-8　4个波束立体示意图(左)及截面示意图(右)

由于导引头在工作时，理论上只需接收电磁辐射源发来的一个脉冲，就可以测定出该瞬间辐射源相对于导弹的方位，故称这种体制的导引头为单脉冲体制导引头。而测定辐射源相对于导弹的方位，就是通过测定辐射源信号到达导引头的方位角和俯仰角来实现。这里，我们通过反辐射导引头对辐射源所在俯仰角进行振幅法单脉冲测定来说明其工作原理。

如图4-9所示，反辐射导引头对辐射源所在俯仰方向进行测定是通过波束1和波束2两个俯仰波束来完成的。这两个波束方向图形状、增益大小完全一样，但其最大指向(即各自对准的方向)不一致，一个高一个低，同时，两个波束在一定范围内有一定的对称相交重合，重合中心线即为瞄准中心线 OA。

当辐射源位于两个波束正中间方向处，即的 OA 延长线上时，导弹弹轴(导引头瞄准中心线，即 OA)正对准辐射源，波束1和波束2接收到的辐射源信号辐射强度相等，此时表明在俯仰上导弹是对准辐射源的；当辐射源位于 B 点时，两个波束接收辐射源信号的天线增益不相等，导致波束1接收到的信号大于波束

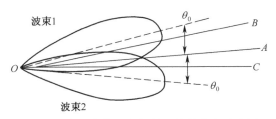

图 4-9 俯仰波束测定辐射源俯仰方向示意图

2 接收到的信号,由此可以判断辐射源位于瞄准中心线即导弹弹轴的上方;当辐射源位于 C 点时,两个波束接收的辐射源信号强度也不相等,波束 1 接收到的信号小于波束 2 接收到的信号,由此可以判断辐射源位于瞄准中心线即导弹弹轴的下方。根据这些信息导引系统可产生偏差信号用以制导。

由此可得出以下结论:当导弹电轴偏离辐射源时,导引头将产生偏差信号,且偏差信号的大小反映了偏差的大小,偏差信号的极性反映了偏差的方向(图 4-10)。方位和高低偏差信号经方位和高低放大支路放大,变成足够功率的控制信号,推动控制机构分别带动垂直舵面和水平舵面偏转,使弹轴(瞄准中心线)朝着减小偏差的方向转动,当调整到电轴对准辐射源时,高低方位偏差信号为零,舵面回复到平衡位置。

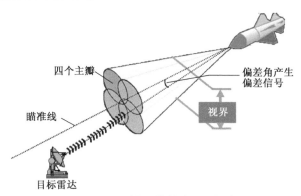

图 4-10 反辐射导弹制导原理示意图

导弹在飞行过程中,由于某种原因,会使其在调整偏差后又重新产生偏差,这一偏差又促使导弹产生相应的调整动作,用以消除偏差。所以,导弹的整个飞行过程,其实是一个不断产生偏差不断消除偏差,最后飞向辐射源的过程。其导弹运动轨迹如图 4-11 所示。

三、反辐射导弹的一般使用过程

以"百舌鸟""标准"反辐射导弹为代表的机载反辐射导弹的工作过程可分

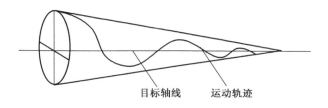

图 4-11 反辐射导弹跟踪运动轨迹

为机上搜索与告警、武器发射、自动跟踪和武器引爆 4 个阶段。

（一）机上搜索与告警阶段

机上搜索（无源定位）与告警系统的任务是对防空雷达的信号参数进行截获、识别雷达类型、威胁程度排序，这要通过预先编程和机载侦察系统引导来完成。预先编程是在飞机起飞前根据作战任务、借助便携式程序装置将优先的目标类型和优先的攻击方式存入搜索与告警系统的数据库中，必要时也可以在飞行中进行修改。载机上搜索与告警系统可以精确测量目标雷达的方位角、载频、脉宽、重频等参数，并可判断威胁等级，选定要攻击的目标，通过载机座舱内的显示系统将所要截获跟踪的目标指示给导弹。如利用预警机或卫星的侦察系统，可以在远离敌方防空导弹阵地的区域侦察防空雷达的位置和性能参数、识别威胁程度，并通过空中数据链把目标数据传送给反辐射导弹载机。飞机上的数据接收系统接收并处理后，再对反辐射导弹的导引头进行目标参数装订，并引导导弹发射。

（二）武器发射阶段

载机的武器控制系统接收到无源定位系统送来的数据后，根据数据确定应该使用某一外挂点上的反辐射武器，这取决于目标的频段与武器的工作频段是否匹配。选定武器后，对武器进行供电、自检；自检通过后，对武器进行目标参数的装订；导弹截获目标并满足发射条件后，在座舱的显示器上给出发射指令，飞行员按下发射按钮，导弹离机后载机脱离。

（三）导弹跟踪阶段

反辐射导弹的被动导引头完成对目标的截获和跟踪，其主要功能是检测、指示和识别目标，并自动引导反辐射导弹攻击目标，这两项任务分别在导弹待发射状态和制导飞行阶段完成，在这两个阶段均能搜索和截获目标。被动导引头由天线、测频接收机、测向接收机和信号处理器构成，测频接收机测量电信号的频率，测向接收机测量弹目视线与导弹轴线的方位角，信号处理器完成对信号的分选、识别，并形成角误差控制信号控制导弹舵翼。

被动导引头要有较大的瞬时视野，较高的测角精度和角度分辨力，以实现较高的角度截获概率、跟踪精度和抗干扰能力;要实现超宽频带,以在频率上覆盖敌方大部分雷达;要有足够大的动态范围,以防止反辐射导弹逐渐接近目标时因接收信号强度变大而无法正常工作,测向和精度变差;要有足够的灵敏度,以保证反辐射导弹能够远距离或从雷达副瓣方向攻击目标。

(四)武器引爆阶段

反辐射导弹的引爆一般可分为触发和近炸两种方式,根据引信的不同而有所区别。

四、反辐射导弹的攻击模式

以"百舌鸟"反辐射导弹为例,飞行员捕捉到目标后,确定发射距离。根据不同的发射方式,定出载机发射时的速度、高度和发射角,利用瞄准具对准目标发射,发射后载机即可脱离。发射"百舌鸟"分直接瞄准和间接瞄准(甩投法)两种方式。直接瞄准发射时,载机对着目标雷达俯冲发射,发射后导弹沿着波束直线飞向打击目标,载机仍按原航线跟踪3~4千米即离开。间接发射时,载机以35°~55°角跃升发射。此时载机和导弹仍在目标雷达的盲区内,导弹在没有控制的情况下按程序飞行一段距离后,沿着弧形弹道进入雷达波束,开始制导飞行,直奔目标。

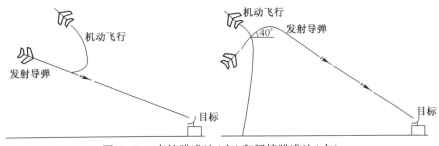

图4-12 直接瞄准法(左)和间接瞄准法(右)

第二节 对抗的目标

越战时期,北越的防空系统是一个由雷达、高炮、地空导弹和米格飞机结合的综合体。北越空军规模较小,其飞机性能、数量及飞行员水平较美军存在很大差距,因而在防空作战中,北越主要依赖的是地面防空武器——各类高炮及萨姆-2防空导弹。

一、高炮及其运用

越战时期,北越一共配置了各种口径的高炮约7000门,主要口径有37毫米、57毫米、85毫米及100毫米,配备的雷达主要包括COH-4、COH-9和COH-9A。

(一) 性能指标(表4-1)

表4-1 不同类型高炮的性能指标参数

高炮口径	最大射程	最大射高	配备雷达	探测距离	跟踪距离
37毫米	8500米	6700米	不配备	—	—
57毫米	12000米	8800米	COH-9A	≥55千米	≥35千米
85毫米	15500米	10500米	COH-4	≥60千米	≥40千米
			COH-9	≥50千米	≥35千米
			COH-9A	≥55千米	≥35千米
100毫米	21000米	15400米	COH-4	≥60千米	≥40千米

(二) 部署情况

北越一半以上的高炮部署在RP5、RP6A和RP6B号包干区内(河内和海防周围),如图4-13所示。1966年初期,北越对指挥系统作了改进,使57毫米和

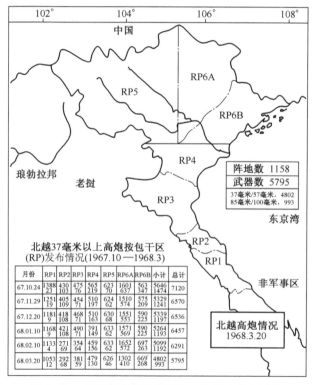

图4-13 北越高炮部署情况(1968年3月20日)

85毫米高炮同地空导弹和战斗机更好地结合成一体。1968年以后北越的高炮情况没有多大变化,只是装备炮瞄雷达的85毫米和100毫米的高炮更多了些。

（三）功能组成与瞄射方法

1. 系统组成与功能

高炮部队通常以连为基本火力单元,根据炮种的不同,1个高炮连通常配有炮瞄雷达1部(37毫米高炮连未配备雷达)、指挥仪1部、中央配电箱1个、火炮8门、指挥箱1个、火炮油机1台、雷达油机1台及电缆若干。其相互关系如图4-14所示。

图4-14　炮兵连配置示意图

系统内各装备的功能如下。

炮瞄雷达:通常和指挥仪一起配备在中、小口径高射炮兵连,构成一组地面防空火力系统。主要用来在任何能见度下搜索、发现、监视和跟踪目标,并能连续准确地测出被选定跟踪目标的坐标(方位角、高低角、斜距离),用同步联动的方法传给指挥仪。它能保证高射炮兵连在其火力范围内进行有效的射击。

指挥仪:用来供给火炮射击诸元(提前方位角、射角),以信号电压的形式经电缆、中央配电箱、电缆分配给多门火炮。

中央配电箱:用来把全连火炮、指挥仪、电源机连接在一起,将电源及信号分配给各炮。它放置在阵地中央,箱体四周有电缆连接口。

火炮:能按指挥仪射击诸元同步联动或按自动瞄准具诸元,使炮身处于正确的发射位置,以解决命中问题。

指挥箱:用来给连指挥员提供指挥信号,控制全连齐射齐停,便于集中火力,近战歼敌。

火炮油机:用于给火炮、指挥仪供电。

雷达油机:用于给雷达供电。

2. 高射炮的瞄准方式与射击方法

（1）瞄准方式。有自动瞄准、半自动瞄准、对针瞄准和直接瞄准4种方式。

① 自动瞄准:由指挥仪求出射击诸元通过电缆传给火炮,依靠随动装置使火炮在高低和方向上自动瞄准。

② 半自动瞄准:在瞄准具上装定射击诸元,转动火炮传信仪控制火炮在高低和方向上转动,通过瞄准镜瞄准目标,使炮身获得正确的发射位置。这种方式不常采用。

③ 对针瞄准:按指挥仪求出的射击诸元,操纵高低机和方向机,使零位指示器的指针对正零位进行瞄准。这是一种辅助瞄准方式。

④ 直接瞄准:在瞄准具上装定射击诸元,操纵高低机和方向机,通过瞄准镜瞄准目标,使炮身获得正确的发射位置。这是不能用指挥仪诸元时采用的瞄准方式。

（2）射击方法。有用指挥仪法和用瞄准具法两种方法。

① 用指挥仪法射击,是高炮对空射击的基本方法。用指挥仪射击,火力集中、猛烈、精度好。尤其是用指挥仪按雷达诸元射击,受气象条件影响小,夜间、阴雨天也能抗击敌机,但捕捉目标要早并易受干扰。一般100毫米高炮要在12000米以外捕住目标,57毫米炮高炮要在9000米以外捕住目标,指挥仪才能计算射击诸元,保障火炮在临近航路上打出两个齐(点)射。

② 用瞄准具法射击,是高炮对地(水)面目标射击的主要方法和对空中目标射击的辅助方法。用瞄准具法射击,计算射击诸元快,但火力不如用指挥仪法射击集中、猛烈。

（四）战术使用

越战中,北越高炮通常与地空导弹保持协同,在交战过程中,总是高炮首先向目标开火,直至第一架飞机进入俯冲攻击,此时,由于进入俯冲攻击的飞机电子干扰覆盖范围暂时有所缩减,从而为地空导弹提供了击落飞机的好机会。

高炮常用的射击方式有集火射击和分火射击。通常由高炮团(营)指挥员组织实施。

1. 集火射击

集火射击就是在营或团的统一指挥下,各炮兵连瞄准同一架(批)敌机,在预定的距离上同时或相继以猛烈的火力射击。集火射击通常使用于:对威胁最大的空中目标射击;对单批单架空中目标射击;每批空中目标来袭的间隔时间允许逐次转移火力时。参加集火的连队多少,既要着眼于击落敌机所需的火力密度,又要考虑战斗队形的配置,以及火炮的技术性能和便于实施射击指挥。实践证明,通常以营为集火单位较适宜。

2. 分火射击

分火射击就是区分火力,同时对数批(架)目标射击。通常使用于:数批威胁较大的空中目标,从不同方向或不同高度同时进袭时;每批空中目标来袭的间隔时间不能保证逐次转移火力时。一般情况下,高炮营不采用分火射击。

集火射击是运用火力的主要方法,只有集火射击,才能构成最大的火力密度,提高射击命中概率。当情况需要或不能集火射击时,可进行分火射击。在分火射击时,应以主要火力歼灭威胁最大的目标。

二、萨姆-2导弹及其运用

在越南战场上使用的雷达制导防空导弹均为萨姆-2,装备主要由苏联援助,使用者都是北越防空导弹部队。其萨姆-2地空导弹及其运用情况详见附录1。

第三节 对抗的过程

一、高炮炮瞄雷达的对抗

(一)"百舌鸟"导弹攻击高炮炮瞄雷达的作战运用

1. 攻击的时机

美军实施反辐射导弹攻击时机经常变化,但通常在较大规模空袭的前夕或能见度不良的条件下,乘高炮部队使用炮瞄雷达之机对炮瞄雷达实施攻击;但有时为造成防空方判断错误,也会在良好的气象条件下进行攻击。通常不良气象条件下发射占总发射数的80%。

2. 攻击的过程和手段

1)攻击前的侦察和演练

在攻击前,美军常连续出动电子侦察机反复侦察目标雷达的位置和性能,为其攻击作准备。美攻击机还常在攻击前进行试航、演练。1966年8月~1967年

3月,在发射前多次出动RB-66电子侦察机在火力外围盘旋,有时高空通过战斗队形,反复侦察炮瞄雷达的位置、频率等情况,尔后由F-105飞机发射导弹攻击。1967年3月后的攻击,不再进行电子侦察。

2) 攻击的机型和实施攻击的方式

载弹的常用机型和编队队形及发射导弹方法:主要机型有F-4、F-105、A-6A、A-4,如图4-15所示。攻击速度通常是:F-4、F-105飞机为210~220米/秒,A-6A飞机为160~180米/秒,A-4飞机为180米/秒。通常为4机编队,双机一组,近距离两组间隔加大,前组发射,后组伴动,或交替发射,有时轮番发射或4机同时各发射1枚导弹,有时两批轮番发射,有时多批在攻击外围目标的同时,对高炮防区发射导弹。发射导弹的美军战机通常不与攻击机混合编队。1967年3月后的夜间发射多用2~4架F-4C飞机进行。

图4-15 可发射反辐射导弹的A-4、F-4、A-6

攻击机一般不施放干扰(由其他掩护机或RB-66在两侧施放强干扰),诱使炮瞄雷达对攻击机进行搜捕和跟踪,以便攻击。有时为了制造假象,掩护其攻击企图,造成防空方判断错误,攻击机进入时也施放较强干扰,夜间攻击时施放的干扰比白天强,但在接近攻击时,干扰减弱或突然消失。

3) 攻击方向、发射距离和高度

攻击方向通常选在便于逃离或对其威胁较小的方向,攻击的高度和距离则视防区的火力和地形等条件而定。一般规律是:发射距离近时,发射高度低;发射距离远时,发射高度高。发射距离通常为11~46千米(后期改进型,早期最大射程仅为12千米),最佳发射距离为10~11千米,但由于美军飞行员惧怕地面炮火打击,攻击距离多为15~25千米,占30%,命中率较低,发射高度多在2400~6000米,而4000米较多,占25%。从实战情况看,如距离在25千米以内时,高度多在3500米以下;距离在25千米以外时,高度多在4000米以上,此种情况占50%。

由于"百舌鸟"导弹导引头为刚性安装,且导引头视场范围相对较窄,使得"百舌鸟"导弹发射条件要求很高,要求导弹进入方向与雷达波束轴的夹角不大于4°。所以,攻击机在攻击时一般都是直行临近,小角度下滑,下滑角5°~15°,

飞行平稳,使目标雷达跟踪平稳,便于其瞄准发射。导弹发射后,攻击机一般要尾随1~3千米,引导导弹进入雷达波束,尔后爬高或外环逃走。若距离近,则不加引导。

3. 导弹发射后的特征

晴天至云下发射时,肉眼或用光学器材可看到,攻击机先抬头,尔后其腹部出现一团火光和白色浓烟。夜间发射可看到闪光,稍后可听到发射声,声音大而清脆。导弹刚发射时,尾部冒烟,直线下滑飞行时,有时可以看到摇摆。飞行中能听到"飕飕"的声音。导弹着地爆炸时,可见一团浓烟,有时先见一团火光,后升起蘑菇状烟柱,爆声像地雷爆炸声。被攻击雷达距离显示器上,有时看到目标回波突然增大、减速,并在飞机回波中分离出快速直行临近的颜色暗淡的小回波。有时侧方雷达距离显示器上,可在飞机回波前面看到导弹回波。

(二)高炮炮瞄雷达与"百舌鸟"反辐射导弹的较量

战例:1966年4月18日,"百舌鸟"反辐射导弹开始首次作战运用,那是一次由1架F-100F"野鼬鼠"引导3架F-105D作战的"铁腕"行动。"野鼬鼠"飞机的机组人员截获了洞海附近"火罐"高炮控制雷达的信号,并向雷达所在方向发射了导弹。云层的遮蔽使机组人员无法看见攻击的结果。但是,过了不久,雷达就沉默了,而且再也没有收到它恢复发射的信号。

首次作战成功后,美军利用新装备所达成的突然性,又多次对北越高炮炮瞄雷达实施反辐射攻击,给越军带来巨大损失,多个阵地炮瞄雷达告急。

面对反辐射导弹的高精度寻的攻击,越方雷达方操作员一时恐慌,不知所措。后经过苏联、越方专家多渠道的调查研究,以及对战场情况、导弹残骸的分析,认定是美军反辐射导弹所为,并搞清了反辐射导弹的基本原理。

后来,北越高炮部队针对"百舌鸟"导弹技术特点和发射时的基本特征,又总结、摸索出炮瞄雷达"早开机、近升压、快捕、稳跟、快打"的一整套反、防"百舌鸟"导弹的战术、技术,有效地防范了"百舌鸟"导弹对高炮阵地的攻击。这些战术、技术措施主要包括:

1. 关机(断高压)

措施:在得知反辐射导弹是根据雷达发射的电磁波来寻的后,最直接、最容易想到的办法就是关机应对反辐射导弹的攻击。

战例1:1967年7月5日,在保卫宋化铁路桥的战斗中,美军战机首先对炮瞄雷达发射了1枚"百舌鸟"导弹,雷达观测员及时发现其信号后,果断采取摇摆天线、断高压等办法,摆脱了该导弹的攻击;当美攻击机进入高炮有效射程时,炮瞄雷达又立即加高压,稳准地测得高炮所需的射击诸元,当即将美军战机击落。

效果:应用后效果很好,"百舌鸟"反辐射导弹失去引导后往往漫无目的地飞走。

问题:雷达关机能够躲避反辐射攻击,但带来的问题是炮瞄雷达失去作用,无法引导高炮实施精确射击。虽然在较好的气象条件下,可以利用光学指挥仪来指挥射击,但其适应范围窄,射击精度也不高,严重影响了高炮防空效能。

补充措施:精确掌握反辐射导弹发射。

考虑到关机(断高压)对炮瞄雷达效能的不利影响,为把握好关机(断高压)时机,需要精确掌握反辐射导弹发射时间,以采取针对性措施,在既保证雷达生存的前提下,还可完成对空引导射击任务。

1)通过炮瞄雷达回波直接观察

炮瞄雷达在搜索和监视美机时若美机施放"百舌鸟"导弹,只要导弹在波束范围内,可从显示器上观察到导弹回波临近飞行并飞向雷达;炮瞄雷达在跟踪美机时,只要预先合理调整过雷达的"自动跟踪灵敏度",也可在显示器上观察到"百舌鸟"反辐射导弹回波。

战例:1967年7月5日,某高炮部队在宋化防区掩护铁路桥,炮瞄雷达班战前认真学习了其他部队反"百舌鸟"导弹攻击的经验,战斗中,沉着操作、细心观察,当在荧光屏上发现了导弹发射时产生的回波特征,及时采取对抗措施,摆脱了导弹的攻击;当美军战机进入火炮有效射程时,又立即稳准跟踪,保证了综合诸元射击,和其他部队一起,击落了美军战机。

2)光学器材观察

组织指挥镜、指挥仪等光学器材实施对空观察,当光学器材观察到美军战机发射"百舌鸟"导弹后,立即用电话或加装信号灯等办法一边上报指挥所,一边通知炮瞄雷达。

3)目视观察和听响声

建立地监哨网和阵地侦察网,组织对空观察哨,发现美军战机发射"百舌鸟"导弹后立即通知炮瞄雷达。

4)其他方式

指挥所还可根据团(营)及侧方炮瞄雷达的通报,得知美军战机施放"百舌鸟"导弹的情况。侧方炮瞄雷达有时可在距离显示器上看到目标回波突然停顿、增多、增亮,尔后从目标回波的前沿出现导弹回波,幅度比小型机小,直行临近、距离变化快。

5)快速告警

及时发现"百舌鸟"反辐射导弹来袭,迅速采取对抗措施是对抗成功的必要环节。为提高告警的效率和速度,各类观察哨通过电台用密语报告指挥所,且规定在紧急情况下可明语直接报告,为部队提前进入战斗准备赢得时间。后来,进一步发展为在指挥员或指挥镜与雷达之间装上一个灯泡,当阵地上观测到发射导弹或听到发射声时,立即给雷达指示信号,此时雷达可采取关机措施。

为提高反应速度,尤其是缩短雷达断高压时间,一般都由某一操作手专职负责;有的部队还将"高压断电"电路接出,接一开关,由连长或指挥仪班控制(在指挥仪上安装高压"断"开关,串在高压"断"按钮电路内),进一步加快了动作流程。

2. 压近距离、控制辐射

措施:雷达采用远开机,利用指挥所、预警雷达的目标指示,不加高压对目标进行监视,在近距离上加高压对其进行自动跟踪,使美军战机来不及发时导弹。一般来说,转入自动跟踪的距离,100毫米高炮为14千米;85毫米高炮为10~12千米;57毫米高炮为10千米。

如果美军战机对炮瞄雷达实施干扰时,可以利用雷达的"噪声跟踪"模式,通过美军战机施放的杂波干扰来测定干扰源(施放干扰的飞机)的方位角及高低角,以便给光学器材指示目标。并根据目标概略高度及干扰源的高低角大致判断目标距离,近距离突然接通高压,捕获目标,转入跟踪,出其不意地打击美军战机,使美机来不及施放"百舌鸟"导弹。

战例:1968年1月25日,美F-105、F-104战斗机2批12架,一路纵队向某高炮阵地扑来,企图引诱高炮炮瞄雷达集中一个方向对其搜索跟踪。指挥员看出美军战机的花招,命令炮瞄雷达操作手掌握好升高压的时机,做好捕捉打击目标的一切准备。当美军战机渐渐靠近距离为20千米时,各连炮瞄雷达同时升压,在3~7秒钟内,6部炮瞄雷达全部抓住了目标。这时,美军战机突然下滑,展露出要发射"百舌鸟"的征候。雷达操作手们毫无畏惧,灵活机智地把天线左右猛甩,使美国战机无法瞄准,几次下滑企图发射"百舌鸟"导弹都未能得逞,而炮连抓住这个最佳时机,发扬火力,把第二批美军战机击落1架、击伤1架。美军战机在慌乱中发射的2枚"百舌鸟"导弹无一命中。

效果:十分有效,大大减少了"百舌鸟"反辐射导弹的发射次数,同时还能有效打击敌机。

问题:雷达近距离上加高压,有时难以快速抓住目标,从而错失战机;另外,仓促应战也导致高炮射击精度有所下降。

3. 间断发射监视目标

措施:发现目标并观察到目标角坐标和距离变化规律后,断高压,按目标飞行规律转动天线默跟目标,按一定时间间隔(视操作技术和目标变化速度而定)再加一次高压进行观察,以监视目标。

战例:1966年5月25日10时20分,某炮瞄雷达在30千米距离上跟踪2架A-4美军战机。距离20千米时1架拐弯脱离,另1架按原航线飞行,降低高度至6千米,距离16千米时发射"百舌鸟"导弹,飞机跟踪3~4千米后转弯脱离,此次高炮部队采取手控雷达断续跟踪的措施,使"百舌鸟"导弹在距离雷达阵地400米处爆炸。

效果:较好。

问题:间断发射有时会丢失目标;且对雷达操作员训练水平要求较高。

4. 大角度甩摆天线

措施:在实践中发现,雷达在被反辐射导弹锁定跟踪后若大幅度甩摆天线,能够大大降低反辐射导弹的命中率,在锁定前甩摆天线也可破坏反辐射导弹的搜索,使其不能进入锁定跟踪。甩摆时必须单向甩摆,不能在目标所在位置两边来回摆,摆动角度要大,使主波束脱离目标,一般需甩摆一定角度停数秒(3~5秒)后摆回。后经过发展,对措施进行了进一步细化:

1) 单向快速甩摆

向某一方向快速甩摆,甩摆范围稍大,停留3~5秒再重新返回捕捉。如此不间断地进行。如导弹已经发射,使导弹失去引导源,靠惯性飞行,造成偏差。

2) 单向慢速甩摆

单向慢速甩摆即慢引快回法。甩摆范围稍大。先将导弹慢慢地引向一边,然后不停留,突然快速返回。使导弹失去控制,造成偏差。

3) 高低慢速向下甩摆

甩摆范围稍小。先向下慢引,然后不停留,突然快速返回,可使导弹在距离上造成偏差,此法效果比方向甩摆更好。

后期发展为雷达采用甩摆法监视目标,使美军战机难于瞄准和发射;如反辐射导弹已经发射,则可增大导弹的制导误差。如用"单向摇摆法"监视目标,在主要发射方向上,目标在10~15千米以外、能见度不良时采用此种方法,摇摆一定角度,摇摆周期为3~5秒。在美军战机航路投影两侧的炮瞄雷达向两边摆,在航路投影上的雷达向下摆,使美军战机难于瞄准发射,即使发射,也可让其失控造成偏差。战时不开基准电压发电机,当目标进入10~15千米时,接通发电机,转入自动跟踪,用炮瞄雷达诸元射击。另外,可利用指挥员、指挥镜与雷达之间装上的告警灯泡,当雷达收到反辐射导弹发射告警指示信号后,此时雷达不关机,而是慢速转动天线至稍大角度的角度,使导弹偏离雷达,或待导弹着地时,再快速回转天线,对向目标,带动火炮对发射导弹的美军战机射击。

战例:1967年7月20日,驻扎于安沛的某高炮部队同"百舌鸟"导弹进行了一场较大规模的较量。这天,美军战机出动了100多架,对安沛防区进行轰炸。

当美军战机距防区 60~50 千米时,侦察雷达发现目标,及时把信号传给了炮瞄雷达。炮瞄雷达立即开机捕捉目标,并把目标的方位、高度、距离传给指挥仪,指挥仪求出预先诸元,并传给炮手在火炮上装定。然后,炮瞄雷达操作手操纵天线上下左右摆动,同时依据美军战机飞行速度和方向,均匀地对目标进行跟踪。在美军战机到达开火距离时,恢复自动跟踪,引导火炮准确射击。这一仗,共击落美军战机 5 架,击伤美军战机 2 架。而美军战机发射"百舌鸟"导弹数枚,无一击中炮瞄雷达。战后,部队又组织进行总结,在全部队进行了推广,取得了很大的成功。后来的作战中,美军战机共 20 次向炮瞄雷达发射"百舌鸟"导弹 31 枚,除破片打坏个别雷达的天线外,无一直接命中。

效果:较好,在摆脱"百舌鸟"导弹锁定的情况下还能够较快地恢复对目标的跟踪。

问题:不足之处是不能确保一定能够摆脱"百舌鸟"导弹;且对操作员训练水平要求较高。

5. 与指挥仪等光学器材配合使用

措施:用指挥镜或指挥仪(图 4-16)遥控雷达。

图 4-16 使用高炮射击指挥仪进行作战

即在主要发射方向上,能见度良好时,尽量用"综合诸元"射击。指挥仪捕住目标后,在远距离上用指挥仪遥控雷达(需在指挥镜上加装遥控同步机,如图 4-17 所示,此时雷达开机、不升高压),到近距离(10 千米左右)后,接通雷达高压,求出目标距离,供"综合诸元"射击。

这样一来,雷达可以在不辐射电磁信号的条件下对飞机实施静默跟踪,射击条件具备时开机迅速引导射击,降低了被反辐射导弹发现、定位并实施攻击的概率。

图 4-17　光学器材上安装雷达同步联动装置

战例1：1967年8月，某高炮部队奉命部署于越南谅山地区。14日上午8时12分30秒(战区气象：雨，云量10，云高1500米，能见度15千米)遭遇美军战机，第一批4架A-6A，高度3000米，从东南方向左行临近，经中炮连射击后，迂回至东北方向，窜到云下，下滑攻击，遭小炮、高机连射击后逃窜。8时19分，第二批8架F-4，高度3500米，从东南方向右行临近，到火力边缘时，分为双机一组，从左右两侧迂回，其中6架降低高度到云下，先盘旋寻找目标，然后攻击；另2架在云下发射"百舌鸟"导弹2枚，攻击炮瞄雷达，因炮瞄雷达紧急关机未中。该部队集中所有火力，利用光学器材瞄准打其1架，然后再转移火力射击，击落美军战机2架，俘美军飞行员2名。

这次战斗前，该部队在学习兄弟部队经验的基础上，注意改进操作方法，灵活使用革新器材。如战斗中，当美军战机从不同方向轮番进入，伺机攻击时，中炮连使用测高机和炮瞄雷达各堵住1个方向，用炮瞄雷达诸元射击时，测高机捕后续目标，转为按测高机诸元射击时，炮瞄雷达再转捕后续目标。在美军战机发射"百舌鸟"反辐射导弹时，雷达采取关机措施躲避，此时改由测高机诸元射击，在反辐射导弹坠地爆炸后，重新改为雷达诸元射击，保证了瞄准射击的连续性。

战例2：1967年3月10日和11日，美军出动33批107架飞机轰炸太原钢铁基地。保卫该基地的高炮部队在两天的战斗中，共击落美军战机18架，击伤5架，俘飞行员10名。11日下午的战斗中，4批16架F-105美军战机分4路向高炮阵地攻击，并向阵地炮瞄雷达发射3枚"百舌鸟"导弹。高炮部队的指战员发现美军战机发射导弹后，立即关机，使"百舌鸟"失去攻击目标，各高炮迅即用光学瞄准具捕捉目标，向美军战机猛烈开火。用此种办法，制伏了美军的先进兵器，一举击落美军战机5架。

战例3:1967年8月13日中午,某高炮部队在谅山地区抗击美军空袭,面对"百舌鸟"导弹威胁,该部队充分发挥了测高机联动指挥仪革新装置的作用,使测高机与炮瞄雷达各向一个方向搜索,交替使用测高机和炮瞄雷达联动指挥仪,连续向监控之敌射击了9架次,取得击落2架美军战机的战绩。

效果:较好。

问题:指挥仪等光学器材使用受气象、天候影响大,相对作用距离也近。

6. 多部雷达配合

措施:在战术上可采用多站多位置较密集的配置,以多部雷达同时跟踪1个目标,构成多辐射源干扰,造成美军战机瞄准发射及"百舌鸟"引导的误差,如图4-18所示。

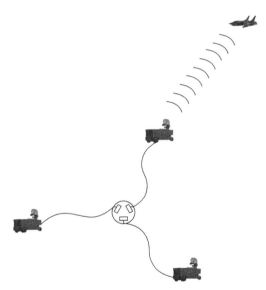

图4-18 多部雷达联动示意图

利用相近阵地的多部雷达,组网使用。可以设立条件较好的雷达作为值班雷达指示目标,到近距离时其余雷达突然开高压跟踪目标。或某部雷达发现被"百舌鸟"反辐射导弹锁定攻击时,立即关高压,利用其他阵地炮瞄雷达的数据实施射击。

由于"百舌鸟"导弹导引头往往只有一个波段或频段覆盖较窄,也可采取单部雷达双波段、多部雷达多波段轮流工作的方法,即发现其发射"百舌鸟"后,立即改到另一雷达、另一波段工作等。

战例1:某高炮部队在作战中,其所属3个炮连各只有1部炮瞄雷达,为充分发挥雷达的作用,每次占领阵地后,各连都要做好使用友邻雷达诸元射击的准备。该营在 4 次抗空袭战斗中,用 1 部炮瞄雷达带动 3 个连队的指挥仪集火射击,取得了击落美军战机 4 架的战绩。

战例 2:1967 年 4 月 24 日,某高炮部队担负掩护克夫地区铁路运输线的任务,13 时 33 分,部署在东南方向上的观察哨报告"敌机爆音"。指挥所立即命令各连炮瞄雷达开机,东南方向搜索。33 分 50 秒,对空观察哨又报告"101 两架,低空,航向克夫"。指挥所下令"全部一等"。接着下达"东南搜索"的命令。一连炮瞄雷达距离 28 千米时首先捕住目标,并向其他连队指示目标,其余各连在 20 千米外也相继捕住目标。此时,美军战机未直接向防区临近,而是向西南方向飞行,在飞行的过程中爬升至 5000 米以上,然后转弯直飞防区。35 分 05 秒,指挥所下达"101 临近,集火"(后查明为 RF-4C)。36 分 52 秒,各连相继开火,37 分 18 秒停止射击。2 架美军战机 1 架被击落,另一架被击伤。

效果:较好。

问题:要求雷达数量相对较多,且对雷达间配合要求高。

7. 合理选择阵地,加强工程防护

炮瞄雷达阵地配置应考虑反辐射导弹可能攻击的方向(敌主攻机主攻方向,往往不是其施放导弹的主攻方向,因"百舌鸟"导弹载机的任务,一般是破坏雷达和掩护主攻机攻击目标,为达此目的,且便于攻击后逃窜,其导弹攻击方向与敌主攻机方向一般相反或相差一定角度)。阵地尽可能选择顶部面积小、坡度陡的小山顶后面。

在越南战场上的高炮部队摸索出一套防护办法:一是在不影响协同和火力密度的前提下适当加大掩体之间的间隔,防止一枚反辐射导弹同时毁伤两部兵器及人员。二是当兵器进入掩体后,将进出口堵严实。同时应构筑坚固的雷达防护工事,油机房屋和其他阵地疏散隐蔽配置,雷达车厢全部处于地下或堆积的积土与车厢同高,车厢顶上用粗圆木或钢板做盖(顶盖高度一般不超过天线的 1/4),尽量加厚积土(一般厚度应大于 2 米),只让天线露在外面;火炮、指挥仪在不影响操作的情况下,掩体上口尽量缩小,以减小被直接命中的面积。在保证发扬火力的前提下工事适当加深。三是崖孔(猫耳洞)应挖成 1~2 道直角弯,并尽可能利用就便材料被覆加固(图 4-19)。

战例:1967 年 1 月 19 日,某高炮部队雷达站遭美"百舌鸟"导弹攻击,导弹在距天线 5 米处爆炸,由于阵地工事坚固,除天线和电线有部分损坏外,其他完好。

效果:较好。

问题:对阵地有要求,作战准备时间较长,且有时会影响雷达的视界。

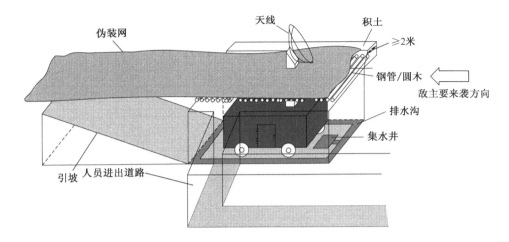

图 4-19 越战中炮瞄雷达抗反辐射攻击的防护工事

二、"扇歌"导弹制导雷达的对抗

(一)"百舌鸟"导弹攻击"扇歌"制导雷达的作战运用

反辐射导弹对萨姆-2导弹"扇歌"制导雷达的攻击与对高炮炮瞄雷达的攻击并无本质性区别。但"百舌鸟"反辐射导弹在越南战场上应用的初期,由于二者射程等一些性能参数上的差异,使得对萨姆-2导弹"扇歌"制导雷达的攻击呈现一些不同的特点。

在越南战场运用初期,"百舌鸟"导弹多采取常规的直接瞄准法实施攻击,由于"百舌鸟"导弹导引头为刚性安装,且导引头视场范围相对较窄,使得"百舌鸟"导弹发射条件要求很高,要求导弹进入方向与目标雷达波束轴的夹角不大于4°。所以,攻击机在攻击时一般都是直行临近,小角度下滑,下滑角5°~15°,飞行平稳,使"扇歌"雷达被跟踪平稳,便于其瞄准发射。导弹发射后,攻击机一般要尾随1~3千米,引导导弹进入"扇歌"雷达波束,尔后爬高或外环逃走,如图4-20所示。若距离近,则不加引导。如1966年美军以150枚"百舌鸟"对越方进行了约100次反辐射攻击,对"扇歌"毁伤率为17%,美军在"扇歌"雷达天线轴向距离14~28千米,高度0.8~4千米处发射"百舌鸟",载机发射后1~3千米向左下方脱离,其中69%在"扇歌"射频轴向距离14~20千米,高度1.5~3千米处发射"百舌鸟",见图4-20。

为了逃避萨姆-2导弹和高炮的攻击,载机有时也利用复杂地形掩护来发射"百舌鸟"反辐射导弹,如图4-21所示。

为保证发射载机的安全,并达成攻击的突然性,载机往往采用低空接近—拉

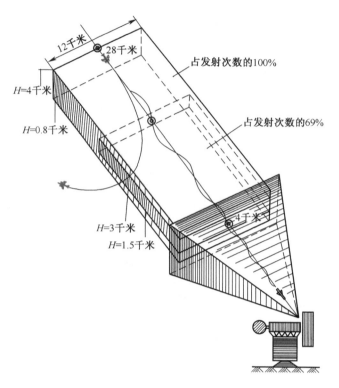

图 4-20　以常规方式向"扇歌"发射"百舌鸟"

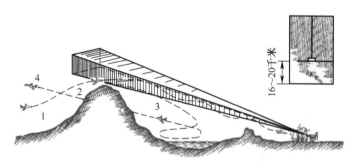

图 4-21　在复杂地形杂波背景掩护下向"扇歌"发射"百舌鸟"

高发射—低空逃逸的方式来实施攻击。具体过程如图 4-22 所示。①在最佳巡航高度上接近目标区域；②把飞机下降到作战高度；③作战高度在 150 米或更低些；④飞行员采用地形掩蔽技术以免被目标发现,飞跑道形航线搜索目标；⑤做急跃升机动,以便确定发射机位置；⑥如果没有确定发射机位置,重复第④和第⑤步动作；⑦如果目标位置确定,飞机就加速并爬升到导弹投放高度；⑧发射"百舌鸟",飞机作横滚进入半筋斗迅速下滑；⑨低空逃逸机动；⑩飞机在飞离目

178

标一定安全距离后爬升返回最佳巡航高度。

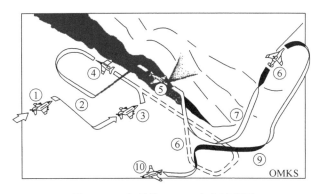

图 4-22 典型的 F-4G 攻击过程图

"野鼬鼠"编队实施反辐射攻击时也有自身的特点。在遂行任务的初期,F-105F"野鼬鼠"飞机携带 2 枚"百舌鸟"导弹,如图 4-23 所示。有时由携带"百舌鸟"导弹的 F-105D 伴随飞行,"野鼬鼠"飞机引导携带"百舌鸟"的飞机进入上仰攻击阵位,并告诉驾驶员何时发射导弹。

图 4-23 携带"百舌鸟"导弹的 F-105F"野鼬鼠"

具体战术如图 4-24 所示。采取小编队低空进入,低空攻击,积极伴动,并实施大面积电子干扰。常以 2 架 F-105F 和 2 架 F-105D 混编,各机都带有电子战设备。F-105F 带发烟型(与杀伤型不同的是,其战斗部内不是炸药而是磷质发烟剂,能发出持续 2 小时以上的白色烟柱,可为其他飞机指示目标)、杀伤型"百舌鸟"导弹各 1 枚,子母弹 2 枚。F-105D 带炸弹 6 枚、子母弹 4 枚、"祖尼人"火箭 6 具。F-105F 主要搜索萨姆-2 导弹阵地,一旦发现,立即发射发烟型"百舌鸟"导弹指示目标,其他飞机随即实施攻击。一般情况下,采取的方法是先投子母弹,后投爆破弹。投弹高度多在 2400～4500 米,俯冲角为 30°～45°,两机距离 300～600 米。天气不好时,则由 F-105F 发射杀伤型"百舌鸟"导弹实施攻击。

179

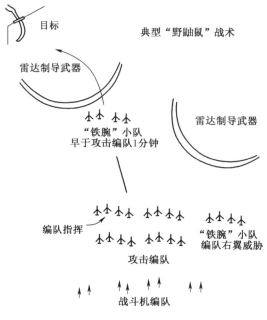

图 4-24 典型"野鼬鼠"作战战术

在长期的作战中,美军的反辐射攻击给北越萨姆-2 导弹部队带来巨大损失。据不完全统计,在 1972 年 12 月"后卫Ⅱ"战役开始前,北越在军事分界线以北有超过 300 个萨姆-2 阵地遭到美军炸弹和"百舌鸟"反辐射导弹 60 多次攻击(美军共发射了 137 枚"百舌鸟"导弹),10 多部各型雷达被打坏,50%的萨姆-2 导弹系统暂时失去了战斗力,发射和技术保障阵地上约 200 枚防空导弹被美军摧毁。

(二)萨姆-2"扇歌"制导雷达与"百舌鸟"反辐射导弹的较量

1966 年 6 月 6 日~7 月 5 日,美国太平洋空军驻泰国呵叻空军基地的"野鼬鼠"飞机中队利用"百舌鸟"导弹对河内以北的萨姆-2 导弹阵地实施了几次攻击,摧毁了 1 部目标指示雷达、1 部"扇歌"制导雷达和 1 个导弹发射阵地。从此,萨姆-2 导弹也开始直接面临反辐射导弹的威胁。

战例:1966 年 7 月 3 日,4 机"铁腕"(压制萨姆-2 导弹)飞行小队用"百舌鸟"导弹、2.15 英寸火箭和 20 毫米机炮突击了北越的 3 个防御严密的萨姆-2 导弹阵地。他们用 2 枚"百舌鸟"导弹突击了第一个阵地,导弹发射后雷达信号中止了 52 秒钟,但导弹阵地的毁坏程度未得到核实。1 架 F-105D 战斗机向第二个阵地发射了另 1 枚"百舌鸟"导弹,但这个阵地仍能作战,可能没有被击中。F-105F"野鼬鼠"飞行员用 1 枚"百舌鸟"攻击了第三个阵地,显然没击中。

萨姆-2导弹系统对抗"百舌鸟"反辐射导弹的措施在一定程度上与高炮炮瞄雷达对抗的措施相似,但由于萨姆-2导弹系统自身装备性能、作战特点等因素的不同,二者间存在一定的区别。

1. 关机(断高压)

与炮瞄雷达相似,这是萨姆-2导弹系统所采取的第一个措施。在发现敌反辐射导弹发射后,及时断掉高压,能够使反辐射导弹失去制导,从而偏离雷达阵地。

效果:效果很好,反辐射导弹失去引导后往往漫无目的地飞走。

问题:与高炮炮瞄雷达存在的问题一样——虽然能够逃避打击,但导弹也因此不能发射或发射后失去制导。且该问题对萨姆-2导弹系统而言比高炮要严重得多。因为从装备使用上,只要炮瞄雷达提供射击诸元保障高炮射出炮弹即可认为实施了一次有效交战,而萨姆-2导弹系统在发射导弹前需要"扇歌"雷达搜索、跟踪目标,在导弹发射后,还需要"扇歌"雷达继续跟踪目标和导弹自身以实施有效制导,直到导弹与目标遭遇,方才算完成一次交战。在整个过程中,导弹制导雷达必须一直开机工作。

补充措施:准确判定"百舌鸟"导弹发射。

为了降低关机(断高压)对防空效能降低的弊端,同时,考虑到萨姆-2导弹系统较高炮要昂贵得多,人员训练也更加困难,在面对反辐射导弹威胁时不能冒过大的风险。因此,准确判定"百舌鸟"导弹是否发射,进而采取相应措施是雷达方实施抗反辐射打击的必然要求。由于忌惮萨姆-2导弹较远的射程,"百舌鸟"导弹载机一般采取远距离发射的模式,给光学器材、目视、听声音等常规观察方式带来了很大困难。

在"百舌鸟"反辐射导弹应用的最初阶段,由于不清楚反辐射导弹何时、何处、由何机发射,萨姆-2导弹系统的制导雷达要么遭受较多攻击(不采取措施时),要么频繁地采取关机措施导致防空效能降低过大。北越分析,虽然空袭敌机批次、架数较多,但不可能都具备反辐射攻击的能力,只有准确掌握反辐射导弹发射的综合特征,提高判断发射的成功率,方可实现"保存自己"与"消灭敌人"间的统一与平衡。

在这个过程中,美、越双方经历了多个回合的较量,越方的主要措施包括:

1)观察载机动作

雷达方经过多次作战积累经验,通过进一步观察,发现敌载机拉高发射"百舌鸟"导弹的特征。由此,在近距离上通过光学器材、目视、听声音等常规方式观察"百舌鸟"导弹发射特征,在较远距离或气象条件不允许时,通过雷达或观察哨观察敌机的动作进行判断。至此,雷达采取关机措施有了依据,针对性更强,最终使得有效实施交战攻击的次数大大增加。后来美军判断越方应主要是通过观察载机发射机动动作(该动作较为特殊)来得知反辐射导弹发射信息,于是美军大量采取拉高伪发射动作来诱骗、迫使越方萨姆-2导弹制导雷达关机。

2) 观察导弹发射时的回波特征

"百舌鸟"在"扇歌"上的雷达反射截面积为 0.04 米^2,在 P-12 目标指示雷达上的雷达反射截面积为 0.7 米^2,技术上能够被观察到,但 P-12 扫描周期长达 20 秒,靠其探测不现实,用"扇歌"雷达及时察觉并关天线规避,等反辐射导弹落地/过顶后再开天线是关键。美军战机发射反辐射导弹前后在"扇歌"上的回波显示有明显变化:变大、畸形、目标回波有抖动现象,并分离出一个微弱模糊、不易被察觉的快速离开目标的细小信号,大小约为载机回波五分之一,脱离发射载机高速沿射频轴向而下,如图 4-25 所示。这时可基本判断美军战机发射了反辐射导弹,雷达操作员可据此采取必要措施。

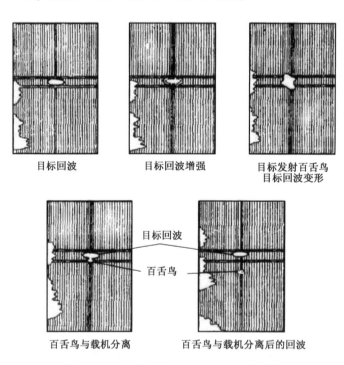

图 4-25 "百舌鸟"导弹发射时的回波特征

自从美军各类战机采取拉高伪发射动作模拟"百舌鸟"导弹发射以来,越军雷达操作员多次被诱骗,关机次数大大增多,地空导弹有效交战次数急剧减少。后越方雷达操作员经过多次战斗积累的经验,群策群力,综合分析,认为在真假发射之间最大、最可靠的不同在于其发射时载机的回波图有所不同——在真正发射"百舌鸟"导弹时，载机的雷达回波会突然变大，这是因为在"百舌鸟"导弹发射时，火箭排气口喷出的气体（羽烟）中含有大量的金属碎屑，而这会在雷达显示器上形成明显而杂乱的雷达回波，使得载机回波看起来突然增大了一般。

发现"百舌鸟"导弹真正发射的特征并将该发现推广后，越方采取对抗措施的针对性更强了，而且随着操作员技术的逐渐熟练，对各项措施的综合运用也越来越得心应手，导致"百舌鸟"导弹的命中率下降到了一个较低的程度。

战例：1972年10月19日傍晚，数批美国海军A-7型战斗轰炸机经陆岸上空去轰炸克夫机场。进入部署在该地区的导弹阵地火力范围。导弹营机智沉着地采取"近、快"战法，发射了两发导弹。当第一发导弹快要接近美国战机时，显示车的引导技师和操作手发现美军战机信号抖动，瞬间分离出一个十分微弱的小信号，不细心观察就容易被忽略，并且速度越来越快地向阵地方向飞来。该营营长判断是美军战机可能发射了"百舌鸟"导弹。当看到第一发导弹与美军战机遭遇爆炸后，立即果断下令转动并关闭天线，降了高压，甩掉了"百舌鸟"导弹。这次战斗，既将美军战机击落，又甩掉了"百舌鸟"导弹的攻击。

2. 以长制短、先敌发射

措施：利用萨姆-2导弹射程、速度超过早期"百舌鸟"反辐射导弹的优势，在对抗中抢先发射，以占得先机。

最初"百舌鸟"导弹对萨姆-2导弹制导雷达实施攻击的战术与攻击高炮炮瞄雷达基本一致，都是飞机接近导弹阵地让制导雷达锁定后下滑发射，之后还短时间保持航线以利反辐射导弹跟踪。

很快，北越的雷达操作员利用萨姆-2导弹与"百舌鸟"导弹存在的射程、速度方面的差距——最初型号"百舌鸟"导弹的最大射程约为12千米，最大速度约马赫数2，而萨姆-2导弹的最大射程为20千米，最大速度为马赫数3——采取了先敌发射的方法，待"百舌鸟"导弹载机进入射程范围即快速发射导弹实施攻击，迫使美军战机忙于躲避而无法发射"百舌鸟"；如美军战机已经发射"百舌鸟"导弹，则该方法也可在其未命中雷达前先行完成防空交战。如1967年4月25日，美国海军VA-192中队阿尔姆堡少校在海防以北执行"铁腕"任务，就在他向一座萨姆-2导弹阵地发射一枚"百舌鸟"导弹之后，这个阵地也发射了2枚导弹进行还击。一枚导弹在阿尔姆堡身边爆炸，没有伤及飞机，但第二枚导弹的弹片击中了飞机，对液压系统造成了致命的损伤最终导致坠机。

后来，当"扇歌"雷达操作员估计装备"百舌鸟"导弹的"铁腕"飞机已飞到附近（他们通常可根据下列情况来辨认，一是飞在中空，二是飞在攻击机的两翼）时，便发射萨姆-2导弹使之沿简单的导弹弹道飞行，在导弹与目标接触前的时间内，雷达不开机，处于"假载荷"状态。当萨姆-2导弹开始接近目标时，操作员打开"扇歌"雷达进行末端制导。萨姆-2 导弹速度比"百舌鸟"导弹快,这样就占优势,"铁腕"飞机可能发射"百舌鸟"导弹,但如果萨姆-2 导弹操作员在地空导弹击中或未击中目标的一瞬间关掉"扇歌"雷达,"百舌鸟"导弹击不中雷达的可能性是非常大的。

战例 1:1966 年 8 月 7 日,麦克·吉尔罗伊执行了第一次"真正棘手"的"野鼬鼠"任务,这几乎也是他的最后一次飞行。他与驾驶员埃德·拉尔森上尉一起驾驶的 F-105"野鼬鼠"和伴随的 F-105D,准备引导 F-105 攻击机编队袭击河内东北铁路线旁的一个储油场。麦克·吉尔罗回忆道:"那时,敌方还只有八九个堪用的导弹发射阵地,但你根本就不知道它们在哪里。情报工作也做得不好。我们刚离开加油机,还没飞到海岸线时,就收到了来自几个地空导弹发射阵地的信号。于是,我们向那儿飞去,高度 2500 米,方向西北,目标是河内以南的地空导弹发射阵地。我们锁定目标,锁定……锁定,直到埃德估计距离已经够近了,然后发射了一枚'百舌鸟'导弹。我们看到,在导弹飞行的终点,雷达似乎被炸飞了。在左侧大约 10°或 15°,我们又发现了一个正在工作的导弹发射阵地,并向它飞去。天气恶劣,高耸的积云云团顶端高达 12000 米,特大雷电区几乎占据了天空的一半,挡住了我们的去路。而且,浓浓的雾气笼罩着大地。天候条件这么差,我们也许不该来到这里。当我们正向第二个地空导弹发射阵地飞行时,它向我们开了火。我说,'发射,埃德,发射',声音尽量平静。我没有看见导弹,只在屏幕上看到了脉冲。埃德做了他应做的一切,他启动加力燃烧室,加大速度,压低机头,使飞行方向偏离导弹发射阵地。然后,他说,'好了,我看到它了。'他拉起飞机,导弹没击中我们,从我们飞机的右翼附近飞了过去。在飞机穿过积云时,又有一枚导弹飞来。它从我们身边的云团里突然钻出,爆炸了。"火红炽热的弹头碎片雨点般地飞向这架 F-105F 战斗机,造成数个系统毁坏……。在那次代价昂贵的行动中,另一架 F-105F 被击落,机组人员被俘,另外还损失了 3 架 F-105D。

战例 2:美国飞行员卡尔·格拉布是侵朝战争中的"王牌飞行员",在侵越战争中也屡有建树。1967 年 3 月 1 日上午 11 时,他率领一个"铁腕"小队飞抵海防市南 20 余千米处。1 小时前,美军 2 架 F-4 战斗机被北越地空导弹击落。格拉布受令前来摧毁那令人讨厌的导弹阵地。但到达指定区域后,格拉布并没有发现地空导弹制导雷达波。由此他判断:"敌人的地空导弹大约是不敢露头了",随即命令小队返航。突然,后座飞行员惊叫:"发现敌地空导弹雷达",格拉布赶紧依照后座飞行员指示的方向调整飞机航向,准备发射"百舌鸟"导弹,但为时已晚,越军抢先发射的 1 枚萨姆-2 导弹击中了他的飞机中部,飞机拖着浓烟像一个醉汉摇摇晃晃地坠落。

效果:较好,对"百舌鸟"导弹发射载机构成了极大威慑,降低了反辐射导弹发射和命中概率。

问题:对空情保障和操作员操作水平要求高,一定程度上加大了地空导弹的消耗量,降低了命中概率。

3. "近、快"战法

措施:与炮瞄雷达类似,即在远距离上主要依靠目标指示(预警)雷达进行目标指示,压近制导雷达跟踪距离,控制辐射时间。在战争的初期阶段,制导雷达有时会在导弹发射之前用5分钟或者更长的时间"对空搜索",使雷达操作人员有足够的时间来捕获和跟踪目标,但一旦携带反辐射导弹的"铁腕"飞机开始作战行动时,雷达的这种过分使用便立即中止了。地空导弹操作员从萨姆-2导弹教程上的120千米开制导雷达天线捕捉目标,压到40千米左右开天线捕捉目标;将8分钟的射击指挥和战斗操作动作,压缩到30秒。为顺利实施"近、快"战法,越方采取了以下几个措施:

1)装假负载

为解决采用"近、快"战法时突然升高压极短时间内雷达达不到最大辐射功率的问题(在正规作战行动中,"扇歌"雷达从准备状态转换到发射,大约需要1分钟的时间才能使方位角和仰角波束发射机达到600千瓦的峰值功率),北越的操作人员使用了"假负载"(也有资料称之为等效天线)。每一部"扇歌"雷达都配备了这种"假负载"设备,作为其维修设备的1个组成部分,使用时将它插入发射机中,将天线旁路并吸收发射功率,然后变为热量散发出去,这与微波炉的工作原理非常相像。插入假负载后,雷达就能满功率运行,而且辐射泄露的能量却很小,这样就可以进行调整。当地空导弹处于准备状态,等待实施攻击时,其"扇歌"雷达可以将其全部输出功率馈至假负载上。当目标飞机进入其攻击距离之内时,就将雷达的全部输出功率切换到天线上。雷达使用这种方法就能以最小的时间延迟达到满功率发射。

2)利用其他雷达引导

利用萨姆-2导弹系统内的"匙架"雷达来获得对美军飞机的跟踪信息。这就使其操作员能够在切换到真正的发射之前预先将天线瞄准目标飞机。因此,只要雷达一开机,就能快速地实现火力控制。在美军开始对"匙架"雷达实施干扰后,越军还为萨姆-2导弹系统加配了"刀架"目标指示雷达和"边网"测高雷达来获得对美军飞机的精确跟踪信息,"扇歌"雷达通过它们获得对美国飞机的精确跟踪信息,既提高了目标位置信息的精确度,又增加了美军干扰的难度。

3)跟踪干扰源

如果敌对制导雷达实施干扰时,可以利用雷达的"跟踪干扰源"模式,通过敌机施放的杂波干扰来测定干扰源(敌施放干扰的飞机)的方位角及高低角,在近距离时突然接通高压,捕获目标,转入跟踪,出其不意地打击敌人,使敌机来不及施放"百舌鸟"导弹。

战例1:1967年5月12日早晨,美军战机共56架分别从中、高空空袭河内工业区。其中,在最前面的是4架F-105组成的装备有"百舌鸟"反辐射导弹的"铁腕"攻击小分队;紧跟在后的是4架EB-66B干扰机,从高空进入,在离河内50~100千米区域搜索越方阵地雷达及通信系统的电磁辐射信号,并有针对性地施放电子干扰;随后进入目标上空,承担攻击任务的装有各种机载电子干扰吊舱的16架F-4C和32架F-105D也纷纷开机干扰。越军测高雷达、警戒雷达和"扇歌"制导雷达一时间几乎成了瞎子,越军地面防空导弹阵地出现混乱。越军某二连的雷达操作员给"扇歌"雷达加高压并进行搜索,但雷达屏幕出现杂波干扰,连指挥员指示:"改变雷达频率,注意跟踪干扰源。"操纵员改变雷达频率后干扰略微减轻。在距离10千米处,发现由4架F-105组成的"铁腕"分队,高度3000米。此时连指挥员命令:"转入自动跟踪,准备引导导弹攻击。"然而美军战机的干扰很快又重新覆盖了新频率,操作员报告:"干扰严重,目标消失。"指挥员再次命令改变雷达频率。正在这时,一名战士发现了直向阵地扑来的"百舌鸟",但已规避不及,随着"嘘"声由远及近,一阵"轰隆隆"的声音后,雷达站被摧毁。

战例2:北越军队了解到美军这种战术后,采用导弹设伏和"近、快"战法,即导弹制导雷达压近距离灵活开机,先用目标指示雷达跟踪监视敌机,提供初始数据。当敌机进入导弹的有效射程伏击圈时,制导雷达突然开机,抓住目标就发射导弹,使敌机来不及实施反辐射攻击就已被击中或者在制导雷达处于"准备状态"时发射导弹,直至导弹进入飞行的最后阶段,制导雷达才开机向导弹发射指令击中目标。

战例3:1966年夏,美军开始装备地空导弹猎手F-105F"野鼬鼠"飞机后,北越的地空导弹操作员开始改进战术。地空导弹的雷达操作员学会了只在捕捉目标和发射导弹所需之最短时间才开机工作。大量的苏式防空导弹正是在这方面显示了它特有的灵活性。虽然每个导弹操作员都愿意用导弹本身的截获雷达发现和跟踪来袭飞机,但"百舌鸟"导弹的出现无疑使正在工作的导弹阵地警觉起来。

为了不使"铁腕"飞机发现,搜索敌机的任务改由远程预警和(或)地面控制雷达担任。根据预警雷达获得的初步情报,导弹操作人员处于戒备状态,只将雷达通电、暖机,使之处于"假载荷"状态,等到外来情报表明敌机已进入火力范围,再突然开机跟踪目标。在开机的短暂时间内,雷达迅速捕捉目标,并引导萨姆-2导弹飞向目标。

如果操作员未能捕捉到目标,也未能在接到敌机进入火力范围的情报期间及时跟踪,雷达将关机。由于"百舌鸟"导弹是靠雷达的连续辐射波寻的,故导弹操作员采用上述战术十分有效。为了躲避F-105飞机的攻击,导弹操作员还采用了其他一些技术措施,随着战争的推进,这种战术上的对抗不断得到发展,变得越来越复杂了。

效果:达成了地空导弹射击的突然性,大大降低了"百舌鸟"导弹的发射率。

问题:丧失了一些交战机会,减少了导弹系统射击(交战)次数以及攻击同一目标的导弹发射数量(也就降低了命中概率);制导雷达在近距离短时间内精确抓住目标存在难度,对操作员操作水平要求高。

美军对此问题的描述:由于"百舌鸟"导弹的使用,萨姆-2导弹的威力大大下降,因为雷达操作员能安全发射信号的时间大为缩短了。譬如说,为了保证高度的准确性,萨姆-2导弹操作员所要做的动作程序就必须要长一些,首先,他必须用雷达捕获目标,然后还必对目标进行跟踪,要从导弹发射时起一直跟踪到击毁飞机时止。但是,如果由于"百舌鸟"导弹的威胁而缩短了他们捕获目标的时间,那就必然造成向飞机发射萨姆-2导弹时简单从事,影响发射效果。如果跟踪阶段也缩短了,那么萨姆-2导弹飞向目标的弹道就会非常不精确。由于这些原因,"百舌鸟"导弹的使用在削弱萨姆-2导弹的威力方面起了非常重要的作用。

4. 设置假目标诱敌

即设立假目标欺骗反辐射导弹。美军轰炸北越的飞机多数是从太平洋中部关岛、越南外海(扬基站)和南越、泰国的基地起飞的,如图4-26所示,北越掌握其航线后,沿航线设置了一些简易的辐射源。当美军战机凌空时,把这些辐射源的频率调到"扇歌"雷达的频率发射,诱使美军飞行员发射反辐射导弹,而飞临真正的目标上空时,反辐射导弹已用完,无法实施防空压制,常遭到真的萨姆-2导弹的攻击。有时,为更好地迷惑美军,北越在一些地点构筑假的萨姆-2阵地,如图4-27所示,将假目标辐射源部署于假阵地上,让美军真假难辨。

战例1:1967年4月20日,美军出动数十架战机,直飞河内以南数十千米处的富川,准备炸断此处的一条铁路线。美军战机刚刚进入作战空域,就发现了越军地空导弹制导雷达发出的电磁波。按照常规,此时越军的地空导弹已经发射升空了!美军飞行员按原计划将一枚枚"百舌鸟"反辐射导弹发射完毕,迅速驾机躲避越军的地空导弹。令美军飞行员感到意外的是,尽管"百舌鸟"反辐射导弹准确命中了目标,可是越军的地空导弹却并未出现。难道是越军的地空导弹严重偏离了方向?就在这时,美军飞行员突然发现大批越军防空部队开始反击,

图 4-26 越战中美军的航空基地分布

然而此时美军战机的"百舌鸟"反辐射导弹已经所剩无几,只能仓皇撤出战斗。原来,越军已料到美军会轰炸这条铁路线,所以布下了大量假雷达阵地,诱使美军战机进行攻击。就这样,越军不费一枪一弹,就让美国战机的"百舌鸟"反辐射导弹几乎消耗殆尽。

战例 2:在"后卫Ⅱ"战役中,北越采用自己发明的一种简单但有效的电子伏击法来对付 B-52 轰炸机。从太平洋中部关岛基地起飞的美军飞机飞向河内或海防的航线,没有选择的余地——即只有一条。因此,北越已知其航线后,就沿航线设置了一些简单的辐射器以模拟"扇歌"雷达。这些辐射器在美军飞机临近时调谐至"扇歌"雷达的频率上,诱使美军飞行员发射反辐射导弹。这种欺骗很奏效,美军飞行员常常将其所载的所有"百舌鸟"反辐射导弹都消耗在假目标上,从而在飞临目标上空以及返航时无法招架真萨姆-2 导弹的攻击。

假目标也经常被部署到防护区域的萨姆-2 防空导弹阵地上,用以消耗和诱偏反辐射导弹,一般假目标部署于离真"扇歌"雷达约 3~8 千米的位置。在整个

图4-27　RF-101发现的一个假萨姆-2导弹阵地

"后卫Ⅱ"战役期间,由于有了假雷达站及电子干扰的帮助,多枚反辐射导弹在一些导弹营发射阵地2~3千米处爆炸,没有产生较大的破坏。与前期北越先后共有73个营因导弹制导站遭受美军"百舌鸟"反辐射导弹攻击遭到严重破坏而失去战斗力的情形形成鲜明对比。

效果:较好,消耗了大量"百舌鸟"导弹,转移了敌反辐射攻击重点。

问题:要有相应的器材和人员保障。

5. 加装光学瞄准装置

为了逃避反辐射导弹的攻击,同时为了抗干扰、增加打击低空目标的能力,北越在一些"扇歌B"雷达上安装了一个光学跟踪系统,经过改进的雷达北约称为"扇歌F"。做法是雷达方位扫描天线的顶部安装了一个盒子,里面装有一台带有高倍望远镜的光学跟踪控制器。借助于伺服系统,操作人员能够将导弹制导雷达精确地瞄准目标飞机而无需发射任何信号,这样就不会使驾驶员对即将来临的攻击有任何警觉,也不会招致"野鼬鼠"飞机的反辐射攻击。在美军战机发射"百舌鸟"导弹而雷达关机后,可以采用光学跟踪系统继续导弹的制导从而完成交战。

战例:1972年9月2日,"鹰"飞行小队和突击队一起完成空中加油后,开始进行小坡度下降,以获得飞行速度并降到有利的战斗飞行高度。"鹰"小队是掩护突击队突击福安机场的两个游猎小队之一。两架携带反辐射导弹的F-105E飞机分别为该编队的1、2号机,3、4号机为F-4E飞机,载有集束炸弹、"麻雀"空空导弹和1门20毫米机炮。"鹰"游猎编队比突击队机群提前两分钟进入航线,高度4570米,巡航速度787千米/小时,大约位于河内以西80千米处。各机不断检查自己的编队位置,同时监控显示萨姆-2导弹活动的雷达警报器和音响信号。"鹰"小队编成横队队形,2号机和4号机分别位于各双机组的外侧,并与各自的长机保持约609米的间隔;3号机与1号带队长机大约保持1520米的间隔。

当"鹰"小队通过距河内约72千米的黑河地区上空时,1号机的雷达告警器首先收到来自目标区强烈的萨姆-2导弹发射活动信号,他和2号机开始转弯,并向积极反击的萨姆-2导弹阵地发射了反辐射导弹。3号机在其左前下方发现敌人射来1枚萨姆-2导弹。这时,"鹰"编队一面向萨姆-2导弹的来向作俯冲急转弯,一面施放减速板舱内的干扰物,从而规避了萨姆-2导弹的攻击,该导弹在3号机后方60~90米处爆炸。然而,没有一个人收到这枚导弹发射时的电子指示信号。"鹰"编队3号机乔恩工·卢卡斯少校和道格拉斯C·马洛伊中尉还曾发现敌人发射的其他4枚萨姆-2导弹,但在这些导弹发射时,他们都没有收到雷达告警指示信号。卢卡斯和马洛伊靠目视判明了导弹发射场的位置。编队长机批准由3、4号机组成的僚机组突击敌导弹发射场;与此同时,长机和2号机飞往目标以北约40千米的苏德桥附近上空等待。3、4号机从南面压坡度进入目标,卢卡斯少校差点被1枚萨姆-2导弹击中,同时,57毫米和85毫米高炮也开始向他及其僚机开火。

效果:较好,达成了地空导弹射击的突然性,降低了"百舌鸟"导弹的发射率,在防范反辐射导弹攻击方面这种系统确实非常有用。

问题:需改装后的装备,且光学跟踪系统受气象天候影响较大,不能提供精确距离信息。

6. 收发分置、隐蔽扫描

这种方法是把雷达发射机和接收机分开设置。把重要雷达的发射机和接收机分开设置,以减少损失。用发射机发射波束照射跟踪飞机,而反射回来的信号由设在另一地方的不辐射电磁波的接收机接收。这样,即使遭到反辐射导弹攻击,也只损失发射机部分。美军把这种方法称为"隐蔽扫描"。

7. 工程防护

北越地空导弹部队在越南战场上摸索出一套防护办法:一是在不影响协同和火力密度的前提下适当加大掩体之间的间隔,将雷达、电源车等车辆分开配置,油机房屋和其他阵地疏散隐蔽配置,防止1枚反辐射导弹同时毁伤两部兵器及人员。早期北越的萨姆-2阵地上,雷达和电源车等车辆都是扎堆配置,如图4-28所示,后来为应对美军的"铁腕"行动改变了这一做法。二是构筑坚固的雷达防护工事,雷达车厢全部处于地下或堆积的积土与车厢同高(约3米);在不影响操作、机动的情况下,环形掩体进出口尽量缩小,以减小被直接命中的面积。在保证发扬火力的前提下工事适当加深。三是崖孔(猫耳洞)应挖成一至两道直角弯,并尽可能利用就便材料被覆加固,如图4-29所示。

图4-28 越战初期美拍摄的萨姆-2阵地,注意扎堆摆放的雷达和发电车

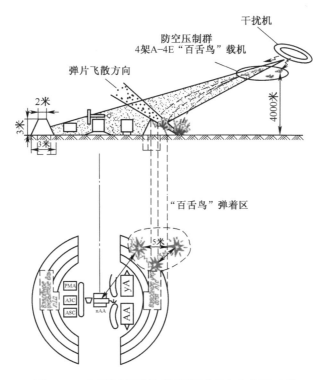

图4-29 "扇歌"雷达防范"百舌鸟"攻击典型工事

8. 战场抢修

越军对抗美军反辐射导弹攻击的另一个方法,就是在苏联的帮助下建立强大而有效的战场维修体系,能够对遭到反辐射攻击而受损的"扇歌"雷达实施快速抢修,并很快投入使用。图4-30所示为越军对损坏的雷达进行修复。

图4-30 越军对受损"扇歌"雷达的修复

三、反辐射导弹的反对抗措施

面对高炮炮瞄雷达和"扇歌"雷达一方的种种对抗措施,美军也没有坐以待毙,而是不断调整改进战术,探索相应措施来进行反对抗,主要有以下几类:

(一)上仰发射

在越军萨姆-2导弹采取先敌发射措施后,为了弥合"百舌鸟"、萨姆-2两者之间的射程、速度差距,美军飞行员们采用了上仰攻击方式(即间接发射方式)发射"百舌鸟":飞机高速飞行,接着成30°爬升,以便在发射前使导弹获得最大动能。这么一来,"百舌鸟"导弹的弹道就近似于慢慢落入篮框的轨迹,在空中划出一道弧线,然后陡然下降,落到目标雷达上。上仰攻击把"百舌鸟"导弹的最大射程增加到大约19千米,基本与萨姆-2导弹射程持平,而且更陡的导弹弹道还可大大增加对雷达的毁伤概率。对此"野鼬鼠"飞行员Thorsness有切身体会:"'百舌鸟'导弹的最佳设计距离是7英里,我们的机群常常在距离对方阵地16千米的地方就会受到对方猛烈火力压制。后来我和Harry自创了一套新战术解决这个问题,首先爬升到10500米并打开加力燃烧室;然后把机头向上拉起到45°角——这已经是导致飞机失速的极限了;最后发射导弹。如果做得好的话我们发射的'百舌鸟'可以击毁56千米①外的敌方雷达。值得高兴的是这种战术第一次尝试就取得成功。"

上仰发射在对抗中有着不错的效果,让"百舌岛"和萨姆-2导弹处在一个新的平衡状态。后期,一些美军飞行员甚至在打光或完全没有携带"百舌鸟"反辐射导弹的情况下,利用上仰发射的假动作来欺骗和恐吓萨姆-2雷达的操作

---

① 原文如此,实际上可能达不到如此距离。

员,迫使其误以为即将遭到反辐射攻击从而关闭雷达。

但上仰发射"百舌鸟"导弹也有其缺陷,这样使发射瞬间的飞机处于易受攻击的位置,因为在升弧顶点,飞机易翻转并迅速地失速,相对目标的投影面积变大,更利于北越高炮的瞄准和射击。而对"百舌鸟"的制导系统而言,如果要达到相当高的杀伤概率,就必须使"百舌鸟"导弹能投入一个窄小而确定的"篮框"内,或是说位于目标上一个理想的锥形空间内,如图4-31所示。由于这些早期的探测系统不大可能提供完成这种要求所需的信息,因此飞行员不得不自己估算目标距离和高低,大大提高了飞行员的负担和操作难度。虽然存在很多困难,但在萨姆-2导弹的威胁下,这种攻击方式渐渐成为"百舌鸟"导弹的主要作战模式。

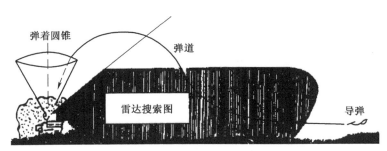

图4-31 反辐射导弹间接瞄准发射攻击方式

(二)多联安装

为解决攻击目标多、携行导弹少,尤其是越军采取设置电子假目标后导致反辐射导弹数量严重不足的困难(同时需要挂载部分电子干扰吊舱更使得情况雪上加霜),美军创造性地发展了多联安装的方式,一定程度上缓解了上述矛盾。

多联安装可让编队中的1架"野鼬鼠"单个挂架携带两个吊舱,而另一架飞机就可挂载足额"百舌鸟"数量。该方案的另一变通是美国海军的"ADU-315"双联装非对称复合挂架方案,如图4-32所示,可在1个挂架上挂载两枚"百舌鸟",从而使得一架配备电子干扰吊舱的飞机载弹量增加1倍。但这两种结构设计都不太成功,尤其是双发射架方案,在1枚导弹发射而另1枚仍留在架上时会剧烈振动。

(三)干扰迟滞

为了使高炮炮瞄雷达和萨姆-2导弹"扇歌"雷达延长辐射时间,以便为反辐射导弹攻击创造更好的条件,美军采取了一些破除雷达缩短辐射时间的措施,其中之一就是对预警、引导雷达实施干扰。

通过干扰,使其丧失为炮瞄雷达和"扇歌"雷达指示、引导目标的能力,从而

图4-32 双联"百舌鸟"挂架

迫使炮瞄雷达和"扇歌"雷达自主搜索发现目标。这对于窄波束的炮瞄雷达和"扇歌"雷达来说,无疑是困难的,需要耗费大量时间。通常,执行类似干扰任务的包括EB-66B、EKA-3B等远距离支援干扰飞机,美军将这些飞机集中对付远距离监视雷达、目标指示雷达和测高雷达。对这些雷达实施有效干扰,会迫使高炮炮瞄雷达和导弹制导雷达延长对空搜索时间以捕捉目标,从而使其更容易遭受"铁腕"飞机攻击。

同时,美军的支援干扰飞机以及战术飞机上携带的干扰吊舱也在作战中对炮瞄雷达和"扇歌"雷达实施干扰,同样也能达到延长其辐射时间的目的。

战例:1972年12月18/19日"后卫Ⅱ"战役发动的第一夜,B-52以及奉命执行远距离掩护任务的EB-66E、EKA-3B、EA-6A和EA-6B等飞机,一旦检测到北越导弹目标指示雷达信号即对其实施干扰。以3架为一小队互相支援的B-52飞机使用E/F波段干扰机对付"扇歌"雷达的水平波束和垂直波束及导弹下行链路的传输信号。对目标指示雷达和导弹控制雷达的干扰,促使攻击B-52的萨姆-2导弹不得不让"扇歌"雷达进行长时间发射,这使得导弹阵地更易受到美国空军"野鼬鼠"和海军执行"铁腕"任务飞机发射"百舌鸟"或"标准"反辐射武器的攻击。最后的战果:分散在3个波次中的17架F-105G"野鼬鼠"、约12架海军A-6B和A-7执行"铁腕"防空压制任务的效果有限。防空压制部队发射了47枚"百舌鸟"导弹和12枚"标准"反辐射导弹,有22次是在尚未收到威胁雷达信号之前就抢先发射的。防空压制有19次成功,其中唐·亨利(Don Henry)和后座鲍勃·韦伯(Bob Webb)用1枚"标准"和2枚"百舌鸟"导弹摧毁了3个地空导弹阵地,最后一个阵地被摧毁时正有3枚导弹向他们迎面飞来。

(四) 监视雷达调试

雷达加装假负载提高了萨姆-2导弹攻击的突然性,美军不得不想方设法应对以实现有效预警。当"扇歌"雷达信号馈送到假负载之后,辐射出去的功率就大大降低了,然而,仍然会有一小部分功率泄漏出去。美军对安装在海军 VQ-1 侦察中队的 EC-121 电子情报飞机上的"宏观"电子系统进行改进,加装一个装置,将飞机上的 APS-20 高增益雷达天线接收的信号送入一个行波管放大器,由此组成一部高灵敏度接收机(图 4-33)。它的灵敏度非常高,完全能够检测到"扇歌"雷达使用假负载时泄漏的微弱辐射,因而能在美军飞机接近北越时窃听"扇歌"雷达正在进行的预先调试动作。在这些作战行动中,VQ-1 侦察中队通常保持 2 架 EC-121 飞机值勤,在相互间隔 90°左右的跑道式航线上飞行。这样,这 2 架飞机就能对准备进入发射状态的地空导弹连进行三角定位,并通过监视无线电信道发出告警信息。

图 4-33　加装 APS-20 接收机的 EC-121 飞机

(五)升级新装备

为了解决"百舌鸟"反辐射导弹射程近、威力小、灵敏度不足,难以对抗关机的雷达等弱点,从 1966 年开始,美军开始发展新的反辐射导弹,即 AGM-78A "标准"反辐射导弹,如图 4-34 所示。

图 4-34　AGM-78A"标准"反辐射导弹

1968年3月10日，AGM-78A"标准"反辐射导弹首次运用。1968年4月，美军将AGM-78A升级为AGM-78B/C Mod 1。这种改进型导弹无需在发射前激活引导头（可在尚未收到威胁雷达信号之前就抢先发射反辐射导弹），使其获得更多命中目标的机会。

战例：1971年3月21日16时，担任安沛要地防空的越军高炮部队接到警报信号：4架F-105战斗轰炸机从泰国的空军基地起飞后，沿山罗山脉飞行临近。指挥所、高炮分队相继进入一等战斗准备，警戒雷达、炮瞄雷达开机搜索，各种光学观察器材全力捕捉目标。"01批，敌机4架，高度3000，方位43-00，距离70千米"。随着远方侦察雷达的不断指示，高炮的火控系统——炮瞄雷达也抓住了目标，操纵手及时转入半自动跟踪，并引导指挥仪对空搜捕。突然，一个亮点在荧光屏上杂乱的雷达回波中跳出，角速度变化很快。"百舌鸟"，雷达操作手脱口而出。千真万确，经验丰富的站长辨认后，果断命令雷达关闭高压，并通报其他单位严密监视。过了大约十余秒，猛听一声巨响，瞬间雷达车内一片漆黑。露出掩体顶部的圆锅形雷达天线被导弹炸飞，所幸雷达车体和雷达兵安然无恙。

多次奏效的关机避弹战法，这次怎么不灵了？是距离太近了？雷达降高压时导弹还远在10千米之外。是敌机歪打正着？目标没有临空。原来，"百舌鸟"导弹已经换了第二代反辐射导弹——"标准"，它与"百舌鸟"的最大区别在于增加了"记忆"装置，而成为有一定抗关机能力的反辐射导弹。

在研制新型号反辐射导弹的同时，美军还对"百舌鸟"反辐射导弹进行了一系列改进，如提高了"百舌鸟"导引头灵敏度，使其能够截获和跟踪雷达发射机使用假负载时的泄露辐射，并引导导弹攻击。改进后的"百舌鸟"对泄露辐射功率达1瓦左右的雷达，导引作用距离能够达到5千米，对泄露辐射功率达10瓦的雷达导引作用距离约为10千米。另外，后续的改进还包括增大射程、扩展单个导引头频率覆盖范围等。

附录5　越战中反辐射对抗的相关资料

一、越战中美军两种反辐射导弹介绍

（一）"百舌鸟"反辐射导弹

"百舌鸟"（AGM-45）1964年10月开始服役，1966年便用于越南战场，主要用于攻击敌方的地对空导弹制导雷达、高炮的炮瞄雷达以及警戒雷达等，至1981年停产时已经发展成包括20多种改进型的大家族。累计生产数量超过1.7万枚，平均单价约2.65万美元，除装备美国空军和海军外还出口到英国、以色列和伊朗,并曾在越南战争、中东战争、海湾战争和美军1986年空袭利比亚的"黄金峡谷"等作战行动中实战使用。

1. 性能指标

型号:AGM-45。

制导方式:被动式雷达波束制导。制导时间最长20~30秒,常用15~25秒。

发动机:固体火箭发动机,工作时间3~4秒,推力3300千克力。

战斗部装药:一种是爆破式,内装烈性炸药23千克,爆炸后靠小钢块起破坏和杀伤作用;另一种是发烟式,内装磷质发烟剂,燃烧后冒白烟,约12米高,持续24小时,用以指示目标,便于轰炸机轰炸。

导弹引信:触发引信和无线电引信两种,可以触发爆炸和空爆。

精度及威力:一般距离精度差,近弹比较多,方位精度较高但受气候影响。着地炸弹坑直径约为1.5米,深0.65米,有效破坏半径10~15米,有效杀伤半径50~60米(对人员)。

导弹接收地面雷达信号的接收角:原型固定为70°,改进型可以从8°逐渐扩大到70°,接收到信号后可立即停止。

波长:2.5~20厘米。

发射高度:2000~10000米,常用3000~6000米。

发射重量:176.9千克。

发射距离:5.5~45千米,常用15~25千米。

最大速度:约500米/秒(不包括载机速度)。

平均速度:视飞行距离而定,当飞行距离远时,可能低于声速。

俯冲角:10°~50°。常用10°~30°。

尺寸:长3米,直径0.204米。

2. 后期发展

百舌鸟反辐射导弹分为AGM-45A和AGM-45B两类型号,前者为空军型,后者为海军型。导弹采用与"麻雀Ⅲ"空空导弹相似的气动外形布局,弹体内部结构布局从前到后为天线罩、制导舱(高频部分、低频部分和引信电子线路)、战斗部舱、控制舱和动力装置舱。控制舱前端上方有1根与载机相连的发射电缆,发射时弹体运动将固定该电缆的螺钉剪断使其与弹体分离。发动机右下方有1个安全栓,可从弹体外部对其调节使发动机处于点火状态或安全状态。制导舱两侧各有1个无线电引信天线。动力装置采用1台固体火箭发动机,工作时间3~4秒。但其型号多达10种:洛克达因公司生产的Mk39Mod0/3/4/5/6/7型;航空喷气通用公司生产的EX-53和Mk53Mod0/2/3型。射程自早期型的12千米一直增加到最后的派生型40千米以上,各种各样的改型造成了发射重量自

177千克增加到181千克,但其23千克的近炸引信的爆炸/杀伤战斗部重量保持不变。

制导信息是由装在其头部的一种得克萨斯仪表公司的寻的装置提供的。这类装置有好多种,每种有1个能瞄准某一特定频率目标范围的预调谐单脉冲接收机。因"百舌鸟"发展期间威胁频段的扩大,导致至少研制了13种不同的接收机装置。这样与各种各样弹体结构的发展结果组合,形成了大量AGM-45派生型号:

(1) AGM-45-1、AGM-45A-1A和AGM-45A-2。生产于1963—1966年,据悉可覆盖自G~J波段间的频率。

(2) AGM-45A-3、AGM-45A-3A和AGM-45A-3B。生产于1963—1969年,据悉可对付大量发射机。在这一时期,因其舰艇"沃登"号甲板上天线被1枚AGM-45偶然摧毁,因而使军方一般把"百舌鸟"用作致盲舰艇探测器的手段而不是仅仅用于防空压制。

(3) AGM-45-4。生产于1964—1968年。

(4) AGM-45A-5。在投产前取消。

(5) AGM-45A-6。1965—1970年为美国海军、空军所采用。

(6) AGM-45A-7和AGM-45A-7A。据说能覆盖比G~J波段更低的频率。AGM-45A-7A是在1967年5月发现天线有极化问题不能用它们对付特定目标后取消的。

(7) AGM-45A-8和AGM-45A-10。仅美国海军才有的两个派生型号。

(8) AGM-45C。这个代号用于美国空军F-4G飞机上携带的"百舌鸟"导弹。据悉这些导弹能有效地对付与苏联萨姆-6系统有关的连续波发射机。

"百舌鸟"导弹各型号的主要差别在于导引头,早期型号各有1个特定频段、1个高频系统,总计有18种,覆盖D~J各个波段,只有等角4臂平面螺旋天线是通用的。后期型号则能覆盖多个频段(0.8~20吉赫),基本覆盖了大多数防空武器雷达天线的工作频段。"百舌鸟"导弹的导引头灵敏度在当时是比较高的,能达到-70分贝毫瓦,而且具有较大的动态范围和快速增益控制,因此既能够截获从防空武器系统雷达天线主波瓣方向辐射的信号,也能截获跟踪从雷达天线副波瓣和背波瓣方向辐射的信号;既能截获跟踪脉冲雷达信号,也能截获连续波雷达的信号;既能够截获跟踪波束相对稳定的导弹和高炮制导雷达信号,又能截获跟踪波束环扫或扇扫的警戒雷达、引导雷达、空中交通管制雷达和气象雷达等不同型号的雷达。基于这样的技术优势,"百舌鸟"反辐射导弹可以攻击多种雷达,而不仅仅是防空武器系统的照射和搜索雷达。后期型号的"百舌鸟"反辐射导弹由于使用了比较先进的门阵列(FPGA)高速数字处理器和相应的软件系统,实现了在复杂电磁环境中的信号预分选和单一目标的选择。

(二)"标准"反辐射导弹

作为第一代反辐射导弹的典型代表,"百舌鸟"导弹存在着很多缺陷:第一,导引头覆盖频段太窄。虽然"百舌鸟"所有型号都采用通用的、可将天线尺寸降低到目标雷达波长1/4以下的等角4臂平面螺旋天线,但导引头覆盖频段太窄,这意味着它们只能瞄准某一个频段工作中的雷达,针对某种雷达需要特定的导引头,意味着预定打击"扇歌"雷达的导弹无法发现"火罐"雷达,为了对付工作在不同频段的雷达不得不研制许多导引头,并在出击前根据已知情报选用。"百舌鸟"早期型号依靠多达18种导引头才覆盖了D~J波段(1~20吉赫),后期型在这方面改进也不显著,这是导致它的型号特别多的最重要原因。第二,制导方式单一。"百舌鸟"系列只能沿着雷达发出的电磁波飞向目标,而且在发射到击中目标的全过程中目标必须始终发射雷达波;一旦对方雷达采用关机等措施,导弹将失去制导信息来源而无法命中目标。所以,在越南战争后期,北越军队抓住"百舌鸟"的这些破绽,使用不同频率的雷达组成防空网,让它顾此失彼,并在导弹来袭时紧急关机,使"百舌鸟"失去目标而纷纷落荒。此后,一种能在瞬间改变工作频率的捷变频雷达也问世了,它使"百舌鸟"的命中率在1970年下降到3%~6%。第三,导引精度低、战斗部威力不足。即使对方没有采用对抗措施,实战中的"百舌鸟"多数的落点离目标的距离也超过20米,而它的战斗部对无装甲防护的软目标破坏半径只有5~15米。这说明"百舌鸟"需要提高导引头测向精度和战斗部威力。另外,它的射程也远小于萨姆-2导弹,这限制了其战术上的灵活性,而且当敌方雷达关机的时候它会失去目标锁定。最后,"百舌鸟"导弹的可靠性不高,执行反辐射攻击任务的飞行员通常要向目标打出2枚甚至3枚导弹来完成攻击。正是针对"百舌鸟"的这些缺陷和不足,美国开始研制第二代"标准"(AGM-78)反辐射导弹。

AGM-78是美国海/空军装备使用的第二代机载反辐射导弹,由通用动力公司为主承包商,在该公司RIM-66A标准中距舰空导弹基础上于1966年7月开始研制,1967年开始飞行试验,1968年研制并投入批量生产,同年AGM-78A型开始进入美国海军服役,随后进入美国空军服役,1973年停产;生产总数1331枚,月生产率31枚,单价16.4万美元。美军在该基本型基础上不断改进发展,到1978年最后一个型号停产,形成了包含了AGM-78A/B/C/D等型号的完整的机载反辐射导弹系列。

该弹采用正常式气动外形布局,4片小展弦比、矩形边条弹翼从弹体中部延至后部,4片切梢三角形活动尾翼位于弹体尾部,弹体呈圆柱形,头部呈尖锥形,弹体内部采用舱段式结构。各型号导弹的气动外形布局相同,使用同种弹体结构,只是使用的导引头有区别。AGM-78A 使用德州仪器公司为"百舌鸟"AGM-45A-3 研制的导引头,AGM-78B/C/D 各型使用麦克逊电子公司研制的宽频带导引头,导引头天线与"百舌鸟"相同,为 4 臂螺旋天线,但装在陀螺环架上,能在±25°范围内跟踪目标,扩大了载机搜索目标的机动范围。导引头的频率覆盖范围也较"百舌鸟"导引头宽得多,两种导引头就覆盖了苏联当时服役的主要雷达频率范围。导引头的灵敏度高,可以利用目标雷达的旁瓣制导,还装有目标位置和频率记忆电路,以便导弹在敌方雷达关机时仍能按关机前记忆的目标位置继续飞行,一旦该雷达再次开机即可重新捕获该目标。动力装置为 1 台通用公司生产的两级推力固体火箭发动机,AGM-78B 使用 MK27Mod4,AGM-78C 使用 MK-27Mod5,AGM-78D 使用 MK-27Mod6。该发动机长 2.616 米,直径 343 毫米。MK-27Mod4 重量 359 千克,助推段的工作时间大于 4 秒。战斗部为预制破片杀伤战斗部,预制破片为钢质立方体,每边长 7~8 毫米,重量 3.3 克,对人员的有效杀伤半径 100 米,对雷达的有效破坏半径 25~30 米。同"百舌鸟"反辐射导弹相比,该导弹虽然在射程、威力和性能方面均有较大提高,但实战使用表明,其采用的目标位置和频率记忆电路对突然关机的雷达目标攻击不是很有效。

二、越战中越方受反辐射攻击威胁雷达性能及相关资料

(一) Fan Song B("扇歌 B")

具体参数详见附录 1。

(二) COH-4("松-4"或"雪茄")

1. 概况

功用:炮瞄

体制:圆锥扫描

研制国家:苏联

装备时间:1947 年

"松-4"雷达有 3 种工作方式:自动圆周扫描、手控天线位置和按目标角坐标自动跟踪。第一种方式用于搜索目标和用环视显示器观察空情;第二种工作方式用于转向自动跟踪,跟踪之前在扇形区内搜索到的目标并粗测出坐标;第三种工作状态用于在自动跟踪状态下精测出方位和仰角,并用手控或半自动方式测出斜距。

2. 性能参数

工作波段:厘米波

作用距离:1~60 千米

跟踪距离:>40 千米

探测高度:4000 米

精度:距离 20 米

仰角:0°~0.16°

分辨力:高度 120 米

峰值功率:250 千瓦

天线形式:圆抛物面

天线直径:1.8 米

波束宽度:3.5°~4.6°

发射管:磁控管

抗干扰措施:跳频(有 4 个波段)

(三) COH-9("松-9"或"火罐")

1. 概况

功用:炮瞄

体制:圆锥扫描

研制国家:苏联

研制时间:1948—1950 年

装备时间:1950 年

"火罐"炮瞄雷达,是第二次世界大战末期广泛使用的,由美国提供给苏联的 SCR-584 雷达派生出来的。该雷达采用圆抛物面天线,安装在雷达车顶的座架上,抛物面上打孔,以减轻重量和风阻。具有锁定跟踪系统,也可以进行搜索。搜索时,天线在方位上连续旋转,在仰角上摆动。该雷达可从搜索状态迅速转为跟踪状态。"松-9"雷达可供小口径和中口径高炮使用。该雷达天线控制系统有三种工作方式:自动圆周扫描及扇形扫描、手控天线位置和目标自动跟踪。该雷达的缺点是没有反干扰设备。

2. 性能参数

工作波段:厘米波

作用距离:50 千米(手控跟踪)

　　　　　35 千米(自动跟踪)

精度:距离 20 米(自动跟踪时)

方位:2°

仰角:2°

分辨力:距离 125 米(手控跟踪时)

　　　　　200 米(自动跟踪时)

峰值功率:约 250 千瓦

重复频率:1875 赫
脉冲宽度:0.5 微秒
发射管:磁控管
天线形式:圆抛物面反射体
天线直径:1.5 米
馈源形式:偏置偶极子
波束宽度:水平 5°
天线转速:24 转/分
终端显示:距离显示器
　　　　　环视显示器
机动性能:车载式,由拖车牵引

(四) COH-9A("松-9A")

1. 概况

功用:火控
体制:圆锥扫描
研制国家:苏联
研制时间:1951—1955 年
装备时间:1956 年

"松-9A"雷达在松-9 的基础上研制而成,该雷达主要战术技术性能与"松-9"雷达基本相同,其差别仅是,存在有源噪声干扰时,它的发射系统和接收系统能自动转换工作频率。该雷达装有 4 个 MN-30 型磁控管,其频率彼此差别在 160 兆赫范围内。

2. 性能参数

工作频率:2700~2860 兆赫
作用距离:55 千米(搜索)
　　　　　35 千米(跟踪)
精度:距离±20 米
方位:±0.096°
峰值功率:200 千瓦
抗干扰措施:手动或自动跳频
机动性能:运输方式拖车运载

三、美军 F-105 飞行员在北越实施反辐射作战回忆录(部分)

姓名:卡森

单位：第44战术战斗机中队

军衔：上尉

执行任务："滚雷"行动——轰炸北越洞海弹药库

1968年初期，我驾驶1架F-105从泰国的呵叻机场起飞去执行任务。在这次夜间行动中，我与另一架飞机合作，对付敌人的地空导弹或高射炮，而其余的F-105则突击洞海附近的一座弹药库。

当我们飞越边境进入北越的时候，我对于极好的能见度和满月的亮度赞美了几句。当我们朝着"派卡德"（突击弹药库编队中一架飞机的代号）进入目标的方向飞去时，我可以看到河流和小湖的反光。

我们沿着他的目标区来回盘旋，倾听和注视着，企图发现敌人的地空导弹和高射炮是否有任何活动。这和钓鱼没有什么不一样，只不过我们是鱼饵罢了。来自炮瞄雷达的两三个脉冲信号和来自地空导弹的一种重复频率较低的脉冲信号，说明有人知道了我们的到来。他们可能还知道我们是一架执行"野鼬鼠"任务的飞机，因为我们在单独活动，而且没有携带干扰吊舱。

地空导弹的操作员通常是无意于打一架"野鼬鼠"飞机的，除非他自信确有将其击中的把握。如果他们开机过久，即使不发射导弹，我们也可以沿着他们的雷达波束发射一枚"百舌鸟"导弹。他们懂得这个道理，因此每次只把雷达打开很短一会儿……只要能够达到对我们进行跟踪的目的就够了。那是一场猫捕鼠的竞赛……非常像一头真的鼬鼠在寻找它的猎物。

我们有意地转过机身，把尾部对着那个曾经向我们射击过1次的地空导弹阵地，希望他们下次把雷达开机的时间延长些，使我们来得及转过身去发射1枚"百舌鸟"。但是没有成功，敌人太狡猾了。他们可能知道在这个地区里另有一架代号叫"麝鼠"的执行"野鼬鼠"任务的飞机，就在我们的南面。我们事先和"麝鼠"约定了协同动作的方法，待在进入攻击的航路起始点的北面，他们待在南面。

突击队飞机受领的任务是突击洞海西北方的仓库和卡车集结地域，位于北越南部的狭长地带。老实说，我们并不指望会遇到很多的地空导弹，因为过去几个晚上一直都很平静。我看了一下时钟，离开规定的到达起始点的时间还有10分钟。我俩下降到规定的高度向西飞去，等候"派卡德"前来报到。

"吸血蝠，我是'派卡德'……按时到达，"他们呼叫说。我回答道，"明白，派卡德，我将在5分钟后到达起始点。"我推油门把时速加大到880千米，向进入目标的航线转弯。我简单地向"派卡德"介绍了地空导弹和高射炮的活动情况，使他们对于什么地方会出现麻烦能够大体上心中有数。

我再一次按预定航线飞向目标区。此时，"派卡德"在我们右方大约两英里的地方,高度低于我们600米。"矢量"装置("雷公"式飞机里的雷达告警设备)现在开始显示敌人的活动有所加强了。北越的高射炮手和地空导弹的操作员很想向"派卡德"射击,但是他们在提防着我们的"百舌鸟"。

好几门37毫米炮向我们开火了,但却打在我们左侧很远的天空。炮弹弧线形地向天上飞来,爆炸时发出明亮的闪光,瞬间即逝,留下团团烟雾,在月光下历历可数。他们看上去几乎像焰火筒那样美丽——当它们离你很远的时候。唐(就是那位电子战操作员)对他们今夜的射击不准发表了评论。我回答说,"但愿他们保持这样的水平"。"地空导弹……低脉冲重复频率……两点钟方向",唐叫道。我从他的声音里,可以判断出威胁并不严重,如果严重的话,他的音调会不一样的。当你每夜都和同一个人在一起飞行的时候,你能从他每句话的声音和语调中领会他的意思。

离目标大约还有两分钟的时候,我们开始真正体会到了高射炮的活动。他们似乎掌握了我们的确切位置和高度,用37毫米和57毫米炮弹把我们团团围住。在我们右方的"派卡德"的遭遇更坏。这是高炮弹幕拦阻射击,不是雷达制导的,因为我们没有收到任何明显的脉冲信号。

好像是为了使这台戏更热闹些,我们在十点钟方向接收到1个新的地空导弹强烈信号。唐喊道,"10点钟方向有3个按铃人",意思是说他从左方接到了强信号。座舱里的红色警告灯和耳机里的咯咯声证实了唐的尖嗓门不是没来由的。过去我曾经好几次以为有地空导弹向我们射来,结果却是没有。空中的雷电和静电有时也会激发告警装置,发出虚假的有导弹发射的指示。然而当出现真实情况的时候,那是没有怀疑的余地的。

地空导弹的那个操作员并不是在开玩笑,他想攻击"派卡德"。当我做机动飞行进入发射"百舌鸟"的位置时,信号还在持续。我们转弯直接对准导弹阵地,一方面通知"派卡德"我们已经捕捉住在他10点钟方向的那个地对空导弹阵地。高射炮弹继续向我们射来。我拉起飞机对准导弹阵地,发射了一枚"百舌鸟"。

我曾经不计其数次地听人说过,为了保护夜间的视力,在夜间发射导弹时应该闭上眼睛。这就像是告诉一个小男孩,他如果在农村集市上偷看舞女跳下流舞,他的眼睛就会瞎掉一样。我决定用一只眼睛来冒一次险!

"百舌鸟"在轰鸣中点着了火,用爆发的速度离开了F-105,拖着一串美丽的火焰。情景的确很美,但是我没有时间老是看着它。实际上这个地区的每一门炮都在向我们开火。

我等待着唐向我发出敌人发射地空导弹的警报,希望"百舌鸟"能够抢先飞抵目标。"百舌鸟"制导得很好,当我们看到它命中的时候,地空导弹的信号突然停止了。

"我认为我们打中它了。"我对"派卡德"里面的约翰和斯坦说,他们正在进入投弹点。约翰必须准确地保持航向和速度,以便斯坦在他的雷达轰炸中有一条良好的进入航线。敌人的地空导弹如果发射了,就有可能妨碍他的进入,而且很可能在今夜结束他们的一切。我不知道敌人的地空导弹为什么要等待,然而他们确实等待了,我很高兴。

"'派卡德'已向左脱离。"我们开始向西转弯。他们携带的是750磅级的炸弹,现在这些炸弹正在向目标油库和弹药库落去。

几秒钟以后,一道明亮的闪光,炸弹爆炸了,接着是亮橘色的第二次爆炸。火球在黑暗中显得很明亮。

我们转过去伴随"派卡德"离开目标区,然后接待第二架突击机。高射炮还在砰砰地射击,但是我们正在上升到炮火的射程以外,掉头向起始点飞去。

第二次和别克一道的那次进入就不如第一次有趣了。我们显然已经摧毁了地空导弹的那部雷达,或者至少把他们吓得暂时不敢开机了。在那天夜间的剩余时间里,我们再也没有听到敌人雷达的扫探声。然而他们的高射炮手看来还拥有充裕的37毫米和57毫米炮弹,只是射击精度没有达到往常的水平。

我们在目标地区又逗留了1个小时,护送其余几架突击机进出目标地区。那天晚上,他们有几次投弹取得了良好的间接破坏的效果。多亏他们的努力,许多燃料和弹药将永远到不了南方越共的手中。

四、美国空军对越战部分阶段"百舌鸟"反辐射作战的总结

1967年3月1日—1968年3月31日,空军特种通信中心(后来改称空军电子战中心)的小组抵达东南亚,对美国空军"铁腕"行动的效能进行了详细分析,其中就包括对"百舌鸟"反辐射导弹运用效果的评估。

报告认为,有经验的调查者在评估反辐射导弹对"扇歌"雷达破坏程度时有很大难度。通常,当反辐射导弹爆炸时,发射导弹的飞机机组人员距离目标太远,可能只有极少的人可以看到他们造成的损伤情况。损伤评估通常取决于阵地遭攻击后立即拍摄所得到的侦察照片,但这通常是不可能的。"扇歌"雷达操作员采用发射控制更增加了评估战斗损伤的难度。最初,假如1部雷达保持48小时不工作,则它将被评估为被毁坏了。后来,北越提高了他们的雷达修理能力,这段时间被减少到了24小时。

根据对现有情况的了解,空军特种通信中心的评估人员推断,"百舌鸟"导弹在摧毁雷达方面效能较低。失败的多数原因在于恶劣的工作环境,许多导弹

都是在它最佳射程范围以外发射的。另一个重要因素是,"扇歌"操作员在看到或是认为"百舌鸟"导弹接近时,采取了关机战术。另一方面,空军特种通信中心的评估认为,"百舌鸟"导弹在迫使敌人雷达关机方面是成功的,即使是这种导弹在其最佳安全射程范围之外发射。虽然压制只持续大约 2 分钟,但对于 1 支突击部队通过这个地区而不遭到攻击,通常就已经足够了。

空军特种通信中心的评估产生了许多其他方面的重大发现:

(1) 多枚"百舌鸟"导弹的射击并不能增加"杀伤"特定"扇歌"雷达的机会。此外,由于这种攻击方式限制了"野鼬鼠"编队可以实施攻击的次数,反而降低了可能"杀伤"的机会,反辐射导弹发射后,"扇歌"雷达关机时,它挫败 2 枚或多枚"百舌鸟"导弹与挫败 1 枚导弹一样容易。

(2) 在美国对 SADS-2 苏联防空模拟器中的"扇歌"雷达代用品的试验表明,当"百舌鸟"导弹点燃它的火箭发动机时,北越的操作员可能会观察到雷达上不同的反应。因此,1 次虚假的发射机动(不发射导弹),不大可能使敌方操作员按照规定关闭雷达。

(3) 1967 年 3 月 1 日—1968 年 3 月 31 日,发射的"百舌鸟"导弹只有 5%对"扇歌"雷达造成了破坏或是遭受足够的损失,使其在 1 天多的时间不能采取行动。然而,如果"百舌鸟"导弹在其射程安全范围内发射,而"扇歌"雷达的波束仍然照射在导弹飞行的空域,则"杀伤"的可能性估计有 40%或者更高一些。这个数字非常重要:它说明危险面临任何"扇歌"雷达时,这些人员习惯性的选择是不顾这种威胁。

(4) 数据指出,"百舌鸟"的攻击减少了萨姆-2 导弹近 95%的发射率。然而,除非"扇歌"雷达被破坏或损伤,压制的时间只持续大约 2 分钟。然后,如果突击部队的一部分仍处于威胁之下,就不得不重复对萨姆-2 导弹阵地实施攻击。

参 考 文 献

[1] Alfred Price. The History of US Electronic Warfare(Volume2)[M]. The Association of Old Crows,1989.
[2] Alfred Price. The History of US Electronic Warfare(Volume 3)[M]. The Association of Old Crows,2000.
[3] 邹国贤,胡思远.空中滚雷——越南大空战[M].北京:中国社会科学出版社,1995.
[4] 郭剑.电子战行动60例[M].北京:解放军出版社,2007.
[5] 陈辉亭.中国地空导弹部队作战实录[M].北京:解放军文艺出版社,2008.
[6] 管带.对抗的艺术——中国的国土防空体系(1)[J].陆海空天惯性世界,2012(112):2-27.
[7] 管带.对抗的艺术——中国的国土防空体系(2)[J].陆海空天惯性世界,2012(113):2-27.
[8] 管带.对抗的艺术——中国的国土防空体系(2)[J].陆海空天惯性世界,2012(114):2-22.
[9] 章俭,管有勋.13场空中战争——20世纪中后期典型空中作战评介[M].北京:解放军出版社,2003.
[10] 军事科学院军事历史研究部.援越抗美作战若干问题研究[M].北京:军事科学出版社,1995.
[11] 曲爱国,鲍明荣,肖祖跃.援越抗美——中国支援部队在越南[M].北京:军事科学出版社,1995.
[12] 傅兆荣.高技术条件下高炮战法研究[M].北京:军事谊文出版社,1994.
[13] 钟明范.防空兵防空作战典型战例介绍[M].北京:蓝天出版社,2008.
[14] 美国国防部关于联盟理论行动的战后审查报告.科索沃战争(上)[M].军事科学院外国军事研究部,译.北京:军事科学出版社,2000.
[15] 华盛顿战略与国际问题研究中心——科索沃航空兵与导弹战役的经验教训.科索沃战争(中)[M].军事科学院外国军事研究部,译.北京:军事科学出版社,2000.
[16] 法德等国官方和学者论科索沃空袭战的经验教训.科索沃战争(下)[M].军事科学院外国军事研究部,译.北京:军事科学出版社,2000.
[17] 钟华,李自力.隐身技术[M].北京:国防工业出版社,1999.
[18] 田武,肖俊南.高技术兵器败战战例及启示[M].北京:国防大学出版社,2007.
[19] 孔德犹.科索沃夜鹰陨落揭开F-117A被击落之谜[J].尖端科技,2005(1):107-111.
[20] 陈永光.从科索沃战争看电子对抗反隐身的影响[J].电子对抗技术,2005,2(15):27-32.
[21] 石文斌,李胜军.科索沃战争中攻防对抗的几点分析[J].现代防御技术,2001,29(3):1-3.
[22] 姜川.F-117隐形轰炸机缘何折翼南联盟[J].外国军事学术,1999(10):49-50.
[23] 郑德春,译.F-117隐形战斗机被击落后[J].外国空军训练,1999(6):28-30.
[24] 戴维·富格姆.美国防部对F-117被击落原因的分析[J].丁伟民,译.外国空军军事学术,1999(4):95-99.
[25] 王伟,朱松.前南击落F-117者如是说[J].国际电子战,2006(3).
[26] 郭剑.越南战争中艰苦卓绝的电子斗争[J].外军电子战,2003(3):50-52.
[27] 王全永,译.越南战争中的防空压制作战(一)[J].航空爱好者,1983(4):1-22.
[28] 伊贵玺,译.越南战争中的防空压制作战(二)[J].航空爱好者,1983(5):29-43.
[29] 王全永,译.越南战争中的防空压制作战(三)[J].航空爱好者,1983(8):11-19.
[30] 解力夫.越南战争实录[M].北京:世界知识出版社,1993.